中央高校教育教学改革基金(本科教学工程)资助

地层学野外实习指导书

DICENGXUE YEWAI SHIXI ZHIDAOSHU

张雄华 徐亚东 喻建新 张木辉 著

图书在版编目(CIP)数据

地层学野外实习指导书/张雄华等著. —武汉:中国地质大学出版社,2020.8

ISBN 978-7-5625-4838-6

Ⅰ.①地…
Ⅱ.①张…
Ⅲ.①地层学-高等学校-教材
Ⅳ.①P53

中国版本图书馆 CIP 数据核字(2020)第 144255 号

地层学野外实习指导书 张雄华 徐亚东 喻建新 张木辉 **著**

责任编辑:马 严 责任校对:徐蕾蕾

出版发行:中国地质大学出版社(武汉市洪山区鲁磨路 388 号) 邮编:430074
电 话:(027)67883511 传 真:(027)67883580 E-mail:cbb@cug.edu.cn
经 销:全国新华书店 http://cugp.cug.edu.cn

开本:787 毫米×1092 毫米 1/16 字数:152 千字 印张:6.25
版次:2020 年 8 月第 1 版 印次:2020 年 8 月第 1 次印刷
印刷:湖北睿智印务有限公司

ISBN 978-7-5625-4838-6 定价:36.00 元

前　言

地层学是地质学中野外实践要求很高的的一门基础学科，很多的地层学现象需要在野外现场观察描述。只有通过一定学时的野外现场教学，才能加深学生对课堂教学内容的理解。此外，通过指导学生进行地层学野外工作方法的培训，提高学生的野外动手能力。毫不夸张地说，即使在科技高度发展的今天，地层学的实验室主要还在野外。

随着地层学理论及方法的不断发展，与地层学室内教学配套的野外实习路线也在不断更新。原来的一些传统实习区和实习路线由于教学内容陈旧，或因风化覆盖及城镇建设被破坏的原因，满足不了现在地层学的野外实习需要。因此，需要开发出一些与现在地层学教学内容配套的野外实习路线。中国地质大学（武汉）地球科学学院“地层学”教学小组2018年申报获批了湖北省高校省级教学研究项目“地层学野外实践教学研究”（2018161），通过对武汉市及周边地区的调查，选择了三个地层学实习区，分别为中国地质大学（武汉）周边地层学实习区、武汉市蔡甸区侏儒山一带地层学实习区、湖北省黄石市汪仁-黄思湾地区地层学实习区，在每个教学区中开发了多个涉及地层划分对比、岩石地层学、生物地层学、年代地层学、事件地层学、层序地层学、旋回地层学、第四纪地层学等内容的教学点，教学内容与《地层学基础与前沿》（龚一鸣、张克信主编，中国地质大学出版社，2016）基本配套。

为了尽早地将这些开发的地层学野外教学资源提供给学生，该教学研究成果在中国地质大学（武汉）中央高校教学改革基金项目“现代古生物学创新人才实践育人孵化基地建设”（2019）的资助下得以正式出版。

本实习指导书主要供地质学方向的本科生、研究生地层学野外实习使用。由于该实习指导书中附有三个实习区的地质简图、地层综合柱状图，同时还提供了主要地层单位的地层特征及多个古生物化石产出层位和位置，也可作为古生物学、普通地质学及相关学科实习的参考教材。

在教材的编写过程中，得到了地球科学学院及地球生物系各级领导的大力支持，龚一鸣教授、张克信教授、杜远生教授、冯庆来教授、江海水教授、顾松竹副教授、陈林老师等提出了宝贵意见，在此一并致谢。

著　者

2020年8月

目　录

第一章　地层学野外教学的目的及主要任务

一、地层学野外教学的目的

地层学(Stratigraphy)是研究层状岩石物质属性时空分布及变化的一门基础地质学科，主要任务是依据地层的物质属性和时间属性对地层进行划分对比，建立地方性、区域性，乃至全球性的地层格架。根据地层的这些属性对地层进行多重划分是自20世纪80年代以来地层学的发展趋势，进而产生了地层学的诸多分支学科，如岩石地层学、生物地层学、年代地层学、层序地层学、事件地层学和旋回地层学等。

中国地质大学(武汉)地球科学学院在地质学专业2年级开设的“地史学”(64学时)课程虽然包含地层学的内容，但涉及较少，主要是地层的划分对比及岩石地层学、年代地层学。故在高年级(3～4年级)开设了“地层学”(32～48学时)课程，增加了地层学一些新的分支学科，也增加了岩石地层学、生物地层学及年代地层学的实践内容，尤其是一些野外的实例，旨在提高学生的感性认识和实际动手能力。

目前，国内外“地层学”教材及教学中均要涉及到上述地层学分支学科，而这些分支学科中的实践内容分量很大，包括：岩石地层学中的基本层序、地层接触关系；层序地层中的不整合面、凝缩段、副层序；事件地层中的事件层；旋回地层中的旋回层及野外替代指标的选择；生物地层中化石的野外采集与记录、生物带的野外识别等。这些内容虽然在室内课堂中通过图片的形式进行了介绍，但缺乏野外课堂中这些地质现象的连续性、整体性和直观性。相比而言，在野外课堂中介绍这些内容更能让学生理解这些知识点的含义，更能提高学生的实际动手能力。

目前，学校安排的北戴河、周口店及秭归野外教学实习一般不涉及到地层学这些分支学科的内容，岩石地层学中也不涉及基本层序、标志层、旋回层等内容，并缺少剖面测制中对覆盖层、断层破碎带处理方法的介绍。因此，有必要开设“地层学”野外实习课，提高学生对地层的感性认识及实际动手能力。

“地层学”野外教学的目的：①通过野外现场教学，让学生加深对地层学中一些知识点及概念的理解和认识，更好地消化室内教学内容；②通过地层学野外实践，让学生熟悉地层学野外的工作程序，掌握野外的基本工作方法，提高学生的实际动手能力；③弥补北戴河、周口店及秭归野外教学实习中地层学内容的不足，全面夯实学生基础地质中地层学方面的理论基础，为未来研究生阶段或工作生产中的地层学研究工作打好基础。

国内外一些重点大学在“地层学”教学过程中就有相应的野外实习。2002—2005年，我校

“地层学”课程安排中就有湖北黄石一周的野外实习，笔者曾主带过野外实习，学生及教师对该实习评价极好。后由于一周时间太长，经费紧张及缺乏稳定实习站的缘故而被取消，不能不说是“地层学”教学中的一件憾事。

一周的实习目前虽然不太现实，但在湖北武汉周边或湖北黄石一带进行 2～3 天的“地层学”野外实习是必要的，也是可行的。

二、地层学野外教学的内容

地层学野外教学的内容与室内教学是配套的，均是室内教学所讲授的内容，包括岩石地层学、生物地层学、年代地层学、层序地层学、事件地层学、旋回地层学及第四纪地层学等方面的内容，具体内容如下。

(一)岩石地层学

1. 岩石地层单位的划分及对比

野外介绍一些区域上重要组、段的岩性，岩石组合特征，让学生了解组与组之间、段与段之间的划分原则以及岩石地层界线的划分标志，进而让学生掌握岩石地层野外划分对比方法。

2. 基本层序

通过野外现场示范，介绍基本层序概念、类型，采用示范和互动的方法让学生进行基本层序的测量及描述，讲授基本层序对描述地层特征的意义，让学生初步掌握基本层序野外收集和描述的方法。

3. 地层的接触关系

以实习区志留系与泥盆系、泥盆系与石炭系、石炭系与二叠系之间的一些区域上重要的平行不整合为例，野外现场讲授地层之间的接触关系，让学生了解这些不整合的地质意义。此外，还要讲授地层中间的小间断，地层与岩体之间的侵入接触关系以及地层之间的断层接触关系。

4. 标志层

介绍区域上重要的标志层，如龙马溪组的斑脱岩、茅山组的红色沉积岩、船山组的球粒灰岩、大冶组第一段底部的黏土岩，让学生了解标志层的概念及在地层对比中的意义。

(二)生物地层学及生态地层学

1. 古生物化石的野外采集、统计、编录及包装

通过野外几个重要化石点化石的采集、统计、编录和包装，让学生掌握生物地层工作中化石采集的基本方法。

2. 生物化石带

通过对奥陶纪—志留纪龙马溪组中的笔石化石带，石炭纪黄龙组、船山组及二叠纪栖霞组的䗴化石带的介绍，加深学生对生物化石带的理解和认识。介绍二叠纪孤峰组、大隆组中放射虫化石及奥陶纪、二叠纪灰岩中牙形石化石的采集方法、生物地层意义。

3. 古生物群落

以奥陶纪大湾组腕足类化石群落，志留纪坟头组、茅山组三叶虫—腕足类化石群落，二叠纪栖霞组珊瑚群落为例，介绍古群落的野外调查方法。

(三)年代地层学

1. 年代地层单位的划分

以龙马溪组为例，介绍志留系/奥陶系界线，以大冶组第一段为例，介绍三叠系/二叠系界线，让学生了解年代地层界线的划分依据，加深对年代地层单位、界线，尤其是"金钉子"概念的理解和认识。

2. 岩石地层单位与年代地层单位的对比——穿时性

以龙马溪组、大冶组为例介绍岩石地层单位和年代地层单位由于划分依据不同，导致出现跨系的岩石地层单位。以五通组、船山组为例，这两组在不同的地区其时代存在一定的差异，让学生进一步理解"穿时"及"穿时普遍性原理"的概念。

(四)层序地层学

1. 层序界面的识别

通过一些野外的具体实例，介绍层序地层界面的识别标志，如几个重要的不整合界面。野外介绍古暴露面、地层结构转换面的识别标志，让学生掌握层序界面的识别方法。

2. 副层序的识别与描述

通过野外具体实例，介绍副层序的类型(进积型、退积型及加积型)、描述方法及与海平面变化的关系，让学生在野外自己动手识别、测量和描述副层序，加深对课堂知识的理解和认识。

3. 饥饿段的识别与描述

野外介绍饥饿段(凝缩段)的识别标志，让学生了解饥饿段的成因及最大海泛面的位置，为体系域的划分及识别奠定基础。

4. 体系域的识别与划分

在副层序类型、饥饿段讲授的基础上，介绍体系域的野外特征、识别标志，进而让学生分析海平面变化，进一步消化理解层序地层中的一些知识点。

（五）事件地层学

1. 事件黏土层

以三叠系/二叠系之交的黏土层、龙马溪组中志留系/奥陶系界线附近的黏土层为例，讲授黏土层所代表的地质事件及在等时性地层对比中的意义。

2. 生物绝灭事件

以三叠纪/二叠纪之交的生物绝灭事件、志留纪/奥陶纪生物绝灭事件为例，介绍生物绝灭事件在地层对比及确定国际年代地层界线中的意义。

3. 气候事件

以志留纪茅山组中的海相红层为例，讲授海相红层的古气候意义，以及在等时性地层对比中的意义，让学生理解气候事件层的概念及其地层学意义。

（六）旋回地层学

1. 天文旋回事件的野外识别

以早三叠世大冶组一段为例，该段岩性为泥岩夹泥灰岩，或二者互层，旋回性明显。中国地质大学（武汉）黄春菊教授团队在该段中识别出米兰科维奇旋回（包括岁差、斜度、偏心率），野外介绍米兰科维奇旋回的特征。

2. 旋回替代指标的识别及测量

以早三叠世大冶组一段为例，选择灰岩—泥灰岩、泥灰岩—泥岩韵律层作为旋回地层的米兰科维奇旋回的替代指标。介绍米兰科维奇旋回的替代指标，包括旋回层，以及需要野外测试的放射性、磁化率等，让学生了解进行米兰科维奇旋回研究的常见方法。

（七）第四纪地层学

1. 第四纪地层的特征及划分标志

以黄石市汪仁地区第四系剖面为例，介绍第四系的地层序列、地层特征、沉积组合及划分标志，了解第四纪主要沉积类型，如网纹状红土、冲积层、河流阶地等知识点。

2. 第四纪地层常用测试方法的野外采样

以黄石市汪仁地区第四系剖面为例，介绍第四系地质测年（包括热释光、光释光、碳同位素）和气候地层学（孢粉、植硅石）的主要方法，以及这些方法野外采样的具体方法和工作流程。

第二章　地层学野外教学实习区及教学路线分布概况

一、实习区遴选原则

考虑到地层学野外教学时间有限，一般选择当天去当天回的路线，故其野外实习地点应选择在武汉周边，包括武汉市市郊及周围的黄石、咸宁等地。

2002—2005年间，中国地质大学（武汉）地球科学学院在湖北黄石进行一周的地层学野外实习期间，曾开发了多条实习路线，包括寒武系—三叠系的多个岩石地层单位，当时能满足5～6天的野外实习，但这些路线由于近年来的工程建设，多数被破坏或因封山育林而被植被覆盖，已满足不了实习需要。

因此，需要重新进行地质踏勘，选择好的地层路线、地层剖面及地层教学点。为了更好地揭示地层学现象，需要选择出露好的、穿越条件好的、现象比较经典的露头。露头选择的原则如下：①包含地层学中岩石地层学、生物地层学、年代地层学、层序地层学、事件地层学、旋回地层学等方面的重要知识点，且在北戴河、周口店及秭归实习中没有涉及到的地质现象；②出露好，现象精彩，能让学生较容易看明白的露头，通过卫星遥感影像并结合地质图，寻找出露较好的露头，一般选择在近年来开掘出来的采场、公路边；③一天的路程，故选择在武汉周边，交通条件、安全条件较好的地段；④各教学点之间的距离不能太长，尽可能涉及一些更多的、不同时代的岩石地层单位；⑤由于近年来采场、矿坑的回填和生态复原，以及公路两侧边坡的治理，都可能导致露头被覆盖，因此需要经常到野外调查，不断开发出新的路线和教学点，以弥补被破坏或被掩盖的野外实习路线和教学点。

二、地层学野外教学实习区、路线或教学点选择及调查过程

根据以上的原则，“地层学”教学项目组多次组织教师到武汉市周边及黄石、咸宁等地进行野外考察，寻找新的地层学野外教学路线和实习点。考察的地点包括中国地质大学（武汉）周边的南望山、磨山、喻家山、东湖边及九峰等地，汉阳区锅顶山、米粮山、龟山等地，蔡甸区侏儒山、奓山、九真山、玉泉山等地，江夏区庙山、乌龙泉等地，黄石市黄思湾、汪仁等地（图2-1）。各地调查情况如下。

1. 中国地质大学（武汉）周边的南望山、磨山、喻家山、东湖边及九峰等地

中国地质大学（武汉）周边的南望山、磨山、喻家山、东湖边及九峰等地露头较少，只出露有志留纪坟头组、泥盆纪五通组及二叠纪孤峰组。在南望山顶出露有较好的五通组，南望山

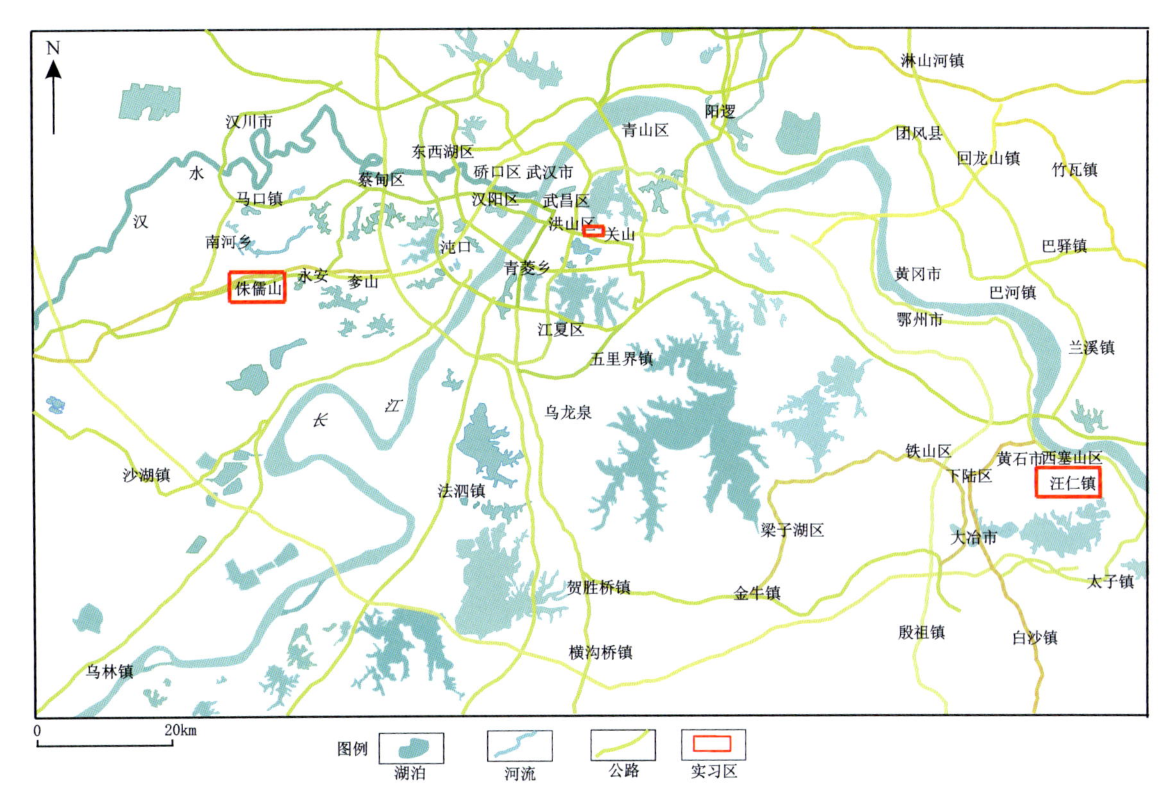

图 2-1　地层学野外教学实习区分布图

麓方家村一带孤峰组出露较好，五通组及孤峰组地层序列比较完整，其中五通组可以分为三段，孤峰组可以分为二段。可以识别出几种类型的基本层序，部分地段地层倒转。虽然岩石地层单位较少，但可以进行这两个组的地层序列划分、基本层序观察描述，以及层序地层的相关野外工作。这个实习区的优点是离学校较近，学生可以在课下或周末在该区进行野外实习，提高对野外的感性认识，巩固课堂所学内容。

2. 汉阳区锅顶山、米粮山、龟山等地

汉阳区锅顶山、米粮山、龟山等地主要出露泥盆纪五通组，可见有遗迹化石，地层基本层序局部出露较好，局部可见五通组与上覆石炭系的不整合接触关系，但地层太单调，且出露面积较小。

3. 蔡甸区侏儒山、奓山、九真山、玉泉山等地

蔡甸区奓山、九真山及玉泉山等地主要出露泥盆纪五通组及志留纪坟头组、茅山组，缺乏岩石地层单位接触关系观察点、生物地层观察点。需要指出的是，蔡甸侏儒山一带由于长期进行石材开采及近年来318国道的改建工作出现了大量好的露头，出露的地层包括志留纪坟头组、茅山组，泥盆纪五通组，石炭纪高骊山组、大埔组、黄龙组，二叠纪栖霞组及孤峰组。各岩石地层单位出露较全，如坟头组可分为两段。值得提出的是，大部分岩石地层单位之间的接触关系在该区都可见及，这些界线包括坟头组第二段/坟头组第一段、茅山组/坟头组第二

段、五通组/茅山组、栖霞组/黄龙组、孤峰组/栖霞组。此外，由于地层出露较全，露头上可见到一些层序地层中的层序界面、副层序、饥饿段等现象。总的来看，由于侏儒山地层现象好，各地质现象点之间相距不远，是进行地层学野外教学的理想地区。

4. 江夏区庙山、乌龙泉等地

江夏庙山梅南山一带仅有泥盆纪五通组，可见该组主要岩石组合特征及基本层序，缺乏与下伏和上覆地层的界线，地质现象单调。乌龙泉一带出露有石炭纪黄龙组、二叠纪栖霞组，可见这些地层单位的地层岩石组合、地层序列和少量基本层序等现象，但地层单位相对较少，难以满足地层学多个分支学科野外地质现象的教学实习。

5. 黄石市黄思湾、汪仁等地

黄石市黄思湾、汪仁等地一直是中国地质大学（武汉）地层学野外实习的所选之地，2002—2005 年曾在该区进行过一周的地层学野外实习。经过野外踏勘，原有的教学点大多被破坏或被植被覆盖，但发现了不少新的教学路线和教学点，有寒武系至三叠系的大部分地层，包括寒武纪娄山关组，奥陶纪大湾组、牯牛潭组、庙坡组、宝塔组、临湘组，奥陶纪—志留纪龙马溪组，志留纪新滩组、坟头组、茅山组，泥盆纪五通组，石炭纪大埔组、黄龙组、船山组，二叠纪栖霞组、茅口组、孤峰组，三叠纪大冶组及大量第四纪地层，地层单位之间接触多数比较清楚。奥陶纪、志留纪、石炭纪及二叠纪地层中局部含有丰富的古生物化石，为生物地层学及生态地层学提供了很好的野外素材。此外，事件地层、层序地层及旋回地层的现象多有出露，是地层学野外实习的理想地区。

因此，我们通过在武汉市周边及黄石等地的野外踏勘、路线地质调查和剖面测制，选择了地层学野外实习的 3 个实习区：中国地质大学（武汉）附近南望山、喻家山实习区，武汉市蔡甸区侏儒山实习区和黄石市黄思湾-汪仁实习区（图 2-1），其具体教学路线、地层剖面及教学点在后面章节详细介绍。

第三章　南望山-喻家山地层学教学路线

一、区域地质简介

实习区地貌上以低山丘陵区为主，主要由南望山、喻家山等多个低矮山丘组成，呈近东西向断续展布，与东湖等天然湖泊交相呼应。低山坡角较缓，在10°～35°，海拔一般在60～110m之间，海拔最高者为喻家山(149.4m)，最低洼处为东湖。海拔100m以上者多见有基岩出露，海拔100m以下的低丘及山间凹地多为近代残坡积物堆积。其中，南望山南侧为中国地质大学(武汉)西区，北侧为北区，喻家山南侧为东区。

实习区的地层属于扬子地层区，第四纪堆积物分布最广，占总面积的80%以上，基岩仅在南望山、喻家山等低山处有出露，主要为志留系坟头组($S_{1-2}f$)粉砂岩、泥岩，泥盆系五通组(D_3w)石英砂岩、石英砾岩等，二叠系孤峰组(P_2g)硅质岩、硅质泥岩等(图3-1)。

由于受到第四系覆盖，加之河湖众多以及构造因素的影响，实习区地层出露不全，其中区域上分布的石炭系、二叠系栖霞组(P_2q)、龙潭组(P_3l)在实习区被覆盖，未见出露(图3-2)。

1. 下中志留统坟头组($S_{1-2}f$)

下中志留统坟头组($S_{1-2}f$)主要出露于南望山南侧、喻家山南侧等地。下部为灰黄色粉砂岩与泥岩互层，中部为灰黄色、黄绿色粉砂岩、粉砂质泥岩夹细粒石英砂岩、砂岩，上部为灰黄色粉砂岩、粉砂质泥岩，厚度大于174m，产三叶虫、腕足类化石：*Coronocephalus* sp.，*Nalivkinia* sp.等。

2. 上泥盆统五通组(D_3w)

上泥盆统五通组(D_3w)主要出露于南望山、喻家山、磨山及东湖周缘等地，厚0～118m。南望山上该组可明显分为3个段。

第三段(D_3w^3)：灰白色中—巨厚层细—中粒石英砂岩、厚—巨厚层细—中砾石英砾岩，发育平行层理、冲洗交错层理。

第二段(D_3w^2)：灰色薄—中层细粒石英砂岩、砂岩夹灰黄色粉砂质泥岩、泥岩，产潜穴类遗迹化石。区域上见有古植物和腕足类化石：*Leptophloeum* sp.，*Lingula* sp.等。

第一段(D_3w^1)：灰白色巨厚层—块状石英砂岩、含石英砾中粒石英砂岩，局部夹有薄—中

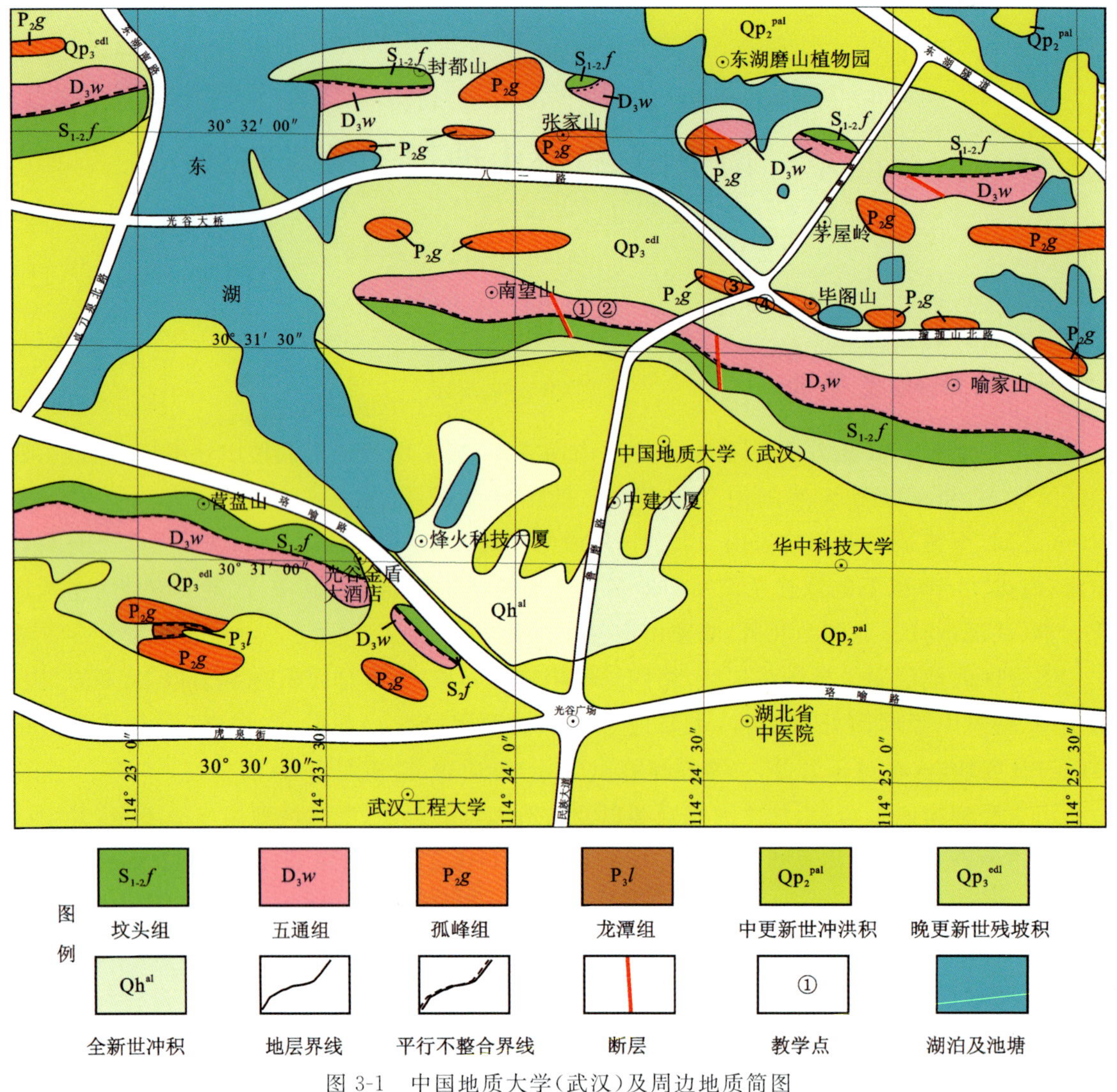

图 3-1　中国地质大学（武汉）及周边地质简图

层细粒石英砂岩，底部局部发育灰白色厚—巨厚层石英砾岩。与下伏下中志留统坟头组（$S_{1-2}f$）呈平行不整合接触，接触面之上可见底砾岩，接触面之下见铁铝质古风化壳。

3. 石炭系

石炭系主要出露于江夏纸坊白云洞。下部为下石炭统高骊山组（C_1g），岩性为灰黄色粉砂岩，紫红色粉砂质泥岩、泥岩夹紫红色鲕状赤铁矿，厚 0～44m，与下伏泥盆系为平行不整合接触。中部为大埔组（C_2d）灰色、浅红灰色厚层白云岩，含燧石结核，产蜓类化石：*Profusulinella* sp.，*Eofusulina* sp.，厚 0～50m；上部为黄龙组（C_2h）灰白色、微红色厚层质纯灰岩，富含蜓类、腕足类及珊瑚化石，主要有 *Fusulina* sp.，*Fusulinella* sp.，*Ivanovia* sp.，*Koninckophyllum* sp.，厚 0～80m。与上下地层均为平行不整合接触。

年代地层		岩石地层		代号	厚度(m)	岩性柱	岩性简述	古生物化石
系	统	组	段					
二叠系	上统	龙潭组		P_3l	37～73		灰色砂岩、粉砂岩、深灰色泥岩、灰黑色碳质泥岩夹黑色薄层煤，局部夹灰岩透镜体，产古植物化石	*Gigantopteris* sp.
							平行不整合	
二叠系	中统	孤峰组	第二段	P_2g^2	38～52		深灰色薄—中层硅质岩，产菊石和放射虫化石	*Altudoceras* sp., *Paragastrioceras* sp.
二叠系	中统	孤峰组	第一段	P_2g^1	38～52		深灰色、灰黑色薄—中层硅质岩夹硅质泥岩，产菊石、双壳类和放射虫化石	
二叠系	中统	栖霞组		P_2q	105～238		顶部为深灰色含生物碎屑微晶灰岩、含碳质微晶灰岩，局部含磷锰质结核； 中上部为灰色、深灰色中—厚层含燧石团块微晶灰岩，含生物碎屑微晶灰岩； 下部为深灰色中—厚层含生物碎屑微晶灰岩夹灰黑色海泡石泥岩，局部为瘤状灰岩； 底部为厚5～6cm的黑色煤层	*Polythecalis yangtzeensis*
							平行不整合	
石炭系	上统	黄龙组		C_2h	0～80		顶部为深灰色、浅灰色及肉红色球粒灰岩及生物碎屑灰岩，其下为灰白色、浅灰色厚—巨厚层生物碎屑灰岩、白云质灰岩，细晶灰岩	*Fusulina* sp., *Triticites* sp.
石炭系	上统	大埔组		C_2d	0～50		浅灰色、灰白色巨厚层—块状白云岩	
							平行不整合	
石炭系	下统	高骊山组		C_1g	0～44		灰黄色粉砂岩、紫红色粉砂质泥岩、泥岩夹紫红色赤铁矿透镜体	*Gigantoproductus* sp.
							平行不整合	
泥盆系	上统	五通组	第三段	D_3w^3	48		灰白色中—巨厚层细—中粒石英砂岩、石英砾岩，发育冲洗交错层理	*Leptophloeum* sp., *Lingula* sp.
泥盆系	上统	五通组	第二段	D_3w^2	24		灰色薄—中层细粒石英砂岩夹粉砂质泥岩、泥岩，见潜穴类遗迹化石，区域上见有古植物及腕足类化石	
泥盆系	上统	五通组	第一段	D_3w^1	46		灰白色巨厚层—块状细—中粒石英砂岩，底部局部为灰白色厚层—巨厚层石英砾岩	
							平行不整合	
志留系	中统 下统	坟头组		$S_{1-2}f$	174		上部为灰黄色粉砂岩、粉砂质泥岩；中部为灰黄色粉砂岩、粉砂质泥岩夹细粒石英砂岩、砂岩；下部为灰黄色泥岩与粉砂岩互层	*Coronocephalus* sp.

图 3-2　中国地质大学(武汉)及周边地层柱状图

4. 中二叠统栖霞组(P_2q)

中二叠统栖霞组(P_2q)主要出露在江夏纸坊乌龙泉及武昌黄金堂一带,岩性为深灰色、灰黑色中—厚层含生屑微晶灰岩、含海泡石微晶灰岩及瘤状灰岩,产腕足类、䗴类、珊瑚及有孔虫化石,主要有:*Polythecalis yangtzeensis*, *Hayasakaia elegantula*, *Parafusulina* sp., *Nankinella* sp.等,厚105~238m,与下伏石炭系为平行不整合接触。

5. 中二叠统孤峰组(P_2g)

中二叠统孤峰组(P_2g)主要出露于南望山、喻家山北坡坡脚处、武汉市工贸职业学院校园内以及喻家湖东岸公路边,厚77~104m,与下伏栖霞组为整合接触,可分为两段。第一段(P_2g^1)为深灰色、灰黑色薄—中层硅质岩夹薄层、微薄层硅质泥岩,产菊石、双壳类及放射虫化石;第二段(P_2g^2)为深灰色薄—中层硅质岩,与下伏栖霞组为整合接触,分布零星,小褶曲发育。

6. 上二叠统龙潭组(P_3l)

上二叠统龙潭组(P_3l)仅分布在虎泉街北,与下伏孤峰组为平行不整合接触,岩性为灰色砂岩、粉砂岩、深灰色泥岩、灰黑色碳质泥岩及数层薄层煤,产古植物及腕足类化石,厚37~73m。

7. 第四系(Q)

第四系(Q)实习区内大面积分布,主要为冲积、湖积、湖冲积层及残坡积成因的砾石、砂黏土,包括中更新世冲洪积(Qp_2^{pal})、晚更新世残坡积(Qp_3^{edl})、全新世冲积(Qh^{al})等。

二、教学目的及主要教学内容

(一)教学目的和任务

(1)野外掌握岩石地层单位的划分方法,尤其是通过岩石组合进行组内段的划分。

(2)野外观察描述陆源碎屑地层和硅质岩地层中的基本层序,掌握基本层序的描述方法。

(3)野外观察描述层序地层中的副层序,识别进积型、退积型、加积型副层序以及饥饿段,初步掌握海侵体系域(TST)、高水位体系域(HST)的识别标志,了解相对海平面变化旋回。

(二)主要教学内容

(1)观察描述五通组、孤峰组岩石地层特征,了解各组岩石地层序列及内部分段标志,掌握岩石地层的划分方法。

(2)观察描述五通组、孤峰组的基本层序,掌握基本层序的划分方法,通过实例了解向上变厚、变粗,以及向上变薄、变细的基本层序的特点和含义。

(3)观察地层,尤其是陆源碎屑岩地层中的小间断面,了解间断面的含义。根据孤峰组地层倒转的标志，掌握判断地层倒转的方法。

（4）以孤峰组为例，了解野外硅质岩中放射虫的生物地层工作方法。

（5）以五通组、孤峰组为例，观察描述层序地层中的副层序、饥饿段及各类体系域，初步掌握层序地层的野外工作方法。

三、教学点介绍

根据上述教学目的和教学任务，在南望山—喻家山一带选择了地层学野外实习的4个教学点，涵盖了岩石地层学、生物地层学、层序地层学、事件地层学等方面的内容，分述如下（图3-1）。

实习教学点1

教学目的：（1）了解岩石地层单位的划分标志，掌握划分方法。

（2）了解基本层序的识别和描述方法。

GPS：E114°23′53.15″、N30°31′32.93″，58m。

点位：地大西区北南望山顶。

点性：泥盆纪五通组第三段（D_3w^3）岩性及基本层序观察点。

描述：点处为五通组第三段（D_3w^3）灰白色中—巨厚层细砾岩、含砾细—中粒石英砂岩、灰白色中—厚层细—中粒石英砂岩，砾岩单层厚60～180cm，砾岩中砾石含量30%～35%，砾石主要为脉石英，少量为硅质岩，砾石砾径0.3～1.2cm，圆形—次圆形，分选较好。排列略有定向。石英砂岩中砾石含量5%～8%，特征与砾岩相似。细—中粒石英砂岩单层厚50～180cm，局部含少量细—中砾级的脉石英砾石，巨厚层石英砂岩层理不显或发育不很明显的平行层理，其上的中—厚层砂岩中见低角度交错层理。地层产状：S_0　14°∠49°。

主要教学内容

1）产状的识别及测量

石英砂岩及砾岩单层厚度大，且发育极多节理，部分节理平行于层面。测量地层产状时，必须确定层面，层面的识别标志主要有：岩性分界面，该套岩性中典型的岩性分界面为砾岩和砂岩的分界面，即层面；侵蚀面（图3-3），上覆地层对下伏地层具有明显的侵蚀，界面清楚。

图3-3　五通组第三段石英砾岩中的侵蚀面

2)基本层序

点处见有多种类型的基本层序,均为向上变薄及变细的类型,自下而上可分为几种类型:①图 3-4 中底部的基本层序(BSⅠ-1),每个基本层序中下部为石英砾岩,上部为石英砂岩;②图3-4 中下部的基本层序(BSⅡ-1,BSⅡ-2),其中 BSⅡ-1 为一削顶的基本层序,与 BSⅡ-2 之间为一侵蚀面,岩性全为石英砾岩,缺乏上部的石英砂岩,BSⅡ-2 中下部为石英砾岩,上部为石英砂岩;③图 3-4 上部的基本层序(BSⅢ-1,BSⅢ-2),其中 BSⅢ-1 底部为石英砾岩,中下部为石英砂岩,局部见不很明显的平行层理,顶部为发育低角度双向交错层理的细粒石英砂岩,BSⅢ-2 下部为石英砂岩,上部为交错层理发育的细粒石英砂岩,其上为新的基本层序。

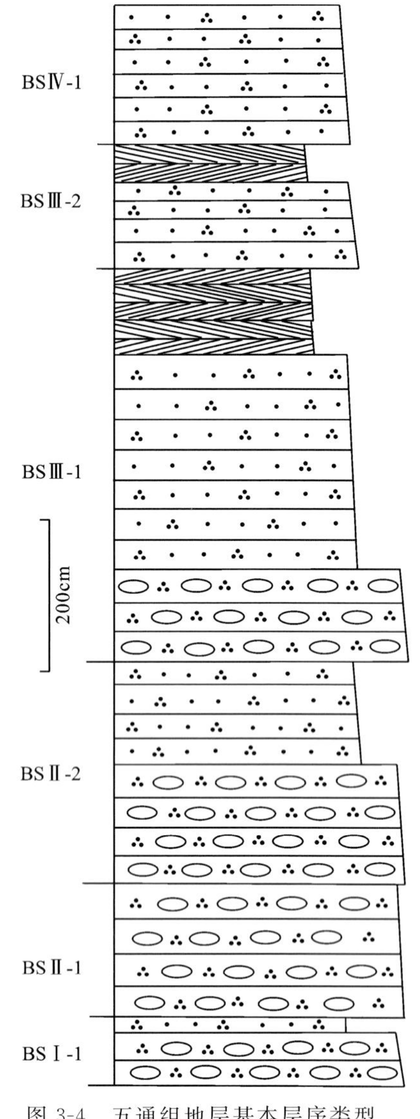

图 3-4　五通组地层基本层序类型

实习教学点 2

教学目的:(1)了解岩石地层单位的划分标志,掌握划分方法;

(2)了解基本层序的识别和描述方法。

GPS:E114°23′56.18″,N30°31′31.03″,64m。

点位:地大西区北南望山顶。

点性:五通组第二段(D_3w^2)岩性及基本层序观察点。

描述:点处为五通组第二段(D_3w^2)浅灰黄色薄—中层细粒石英砂岩夹灰黄色粉砂质泥岩及灰黄色、灰褐色泥岩。砂岩单层厚 0.8~28cm,局部夹潜穴类遗迹化石,间夹粉砂质泥岩及泥岩,一般厚 0.2~16cm。地层产状:S_0 25°∠42°。

主要教学内容

1)与五通组第三段的岩性及岩性组合的差别

该段与前一教学点五通组第三段(D_3w^3)有明显的差别,其区分标志主要体现在:①岩性不同;②单层厚差别大;③基本层序差别大。

2)基本层序类型及层序地层划分

本段(图 3-5)自下而上可以看出,下部为向上变薄、变细的基本层序,每个基本层序中下部为薄—中层细粒石英砂岩,上部为粉砂质泥岩。在层序地层中,该类基本层序相当于退积型副层序,代表海侵期的海侵体系域(TST)。上部为向上变厚、变粗的基本层序(图 3-4),每个基本层序下部为泥岩,上部为石英砂岩,砂岩单层厚度向上变大。在层序地层中,该类基本层序相当于进积型副层序,代表海退期的高水位体系域(HST)。两类基本层序之间具一地层间隔,岩性为灰黄色泥岩,具不很明显的水平层理。在层序地层中,该地层间隔中部泥岩为饥饿段(CS),为海侵规模最大时的沉积,最大海泛面(mfs)就划在中间,为海侵体系域(TST)和高水位体系域(HST)的分界线。

在该点南约100m处可见五通组第一段((D_3w^1)灰白色薄—巨厚层细—中粒石英砂岩,发育楔状交错层理,具向上变薄的基本层序。

通过上述两个点的观察,可以看出五通组明显分为3个岩性段,第一段以发育巨厚层砂岩为特征,局部底部见有底砾岩;第二段主要为薄—中层砂岩夹有泥岩;第三段为厚—巨厚层石英砂岩及石英砾岩。在层序地层中,第一段主要为海侵体系域(TST),第二段下部发育有饥饿段(CS),其上具有一段高水位体系(HST),第三段下部为海侵体系域(TST),区域上该段上部发育有高水位体系域,直至海退露出水面遭受剥蚀。

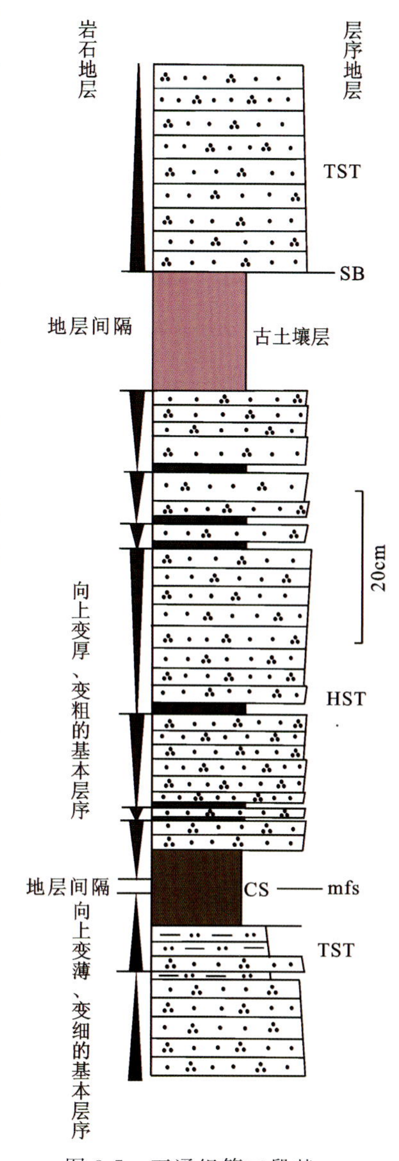

图3-5 五通组第二段基本层序及层序地层划分

实习教学点3

教学目的:(1)了解岩石地层单位的划分标志,掌握划分方法。

(2)了解硅质岩中生物地层的工作方法。

(3)了解基本层序的识别和描述方法。

(4)了解层序地层学体系域及副层序类型的识别和描述方法。

GPS:E114°24′34.28″,N31°31′31.36″,33m。

点位:方家村。

点性:孤峰组第一段(P_2g^1)岩性及基本层序观察点。

描述:点处为孤峰组第一段(P_2g^1)深灰色薄—中层硅质岩夹深灰色薄层硅质泥岩,硅质岩单层厚0.5~15cm,发育水平层理,间夹的硅质泥岩单层厚0.2~0.6cm,风化破碎厉害。地层产状:S_0 355°∠68°。

主要教学内容

1)孤峰组第一段(P_2g^1)与第二段(P_2g^2)地质界线及二者岩性、岩石组合对比

孤峰组第一段为深灰色薄—中层硅质岩夹深灰色薄层硅质泥岩,第二段为深灰色薄—中层硅质岩,二者岩性及岩性组合存在明显差异,第二段硅质岩单层厚度大,且缺乏硅质泥岩。两段之间界面清楚,其中可以见到第二段对第一段的削蚀现象(图3-6),为一明显的层序地层界面。

2)硅质岩中生物地层工作方法介绍

硅质岩中含有放射虫化石,放射虫化石是确定地层时代的重要微体化石之一,前人在孤

图 3-6　孤峰组第一段与第二段地质界线，界面上具明显的削蚀现象

峰组中采获了较多的放射虫化石(图 3-7)，部分硅质泥岩中产有少量腕足类、双壳类化石。大化石一般为薄壳型的，极易破碎，采集时需要准备软纸、棉花等包装用品。放射虫样品一般在薄层硅质岩中采集，每件 1kg 左右。

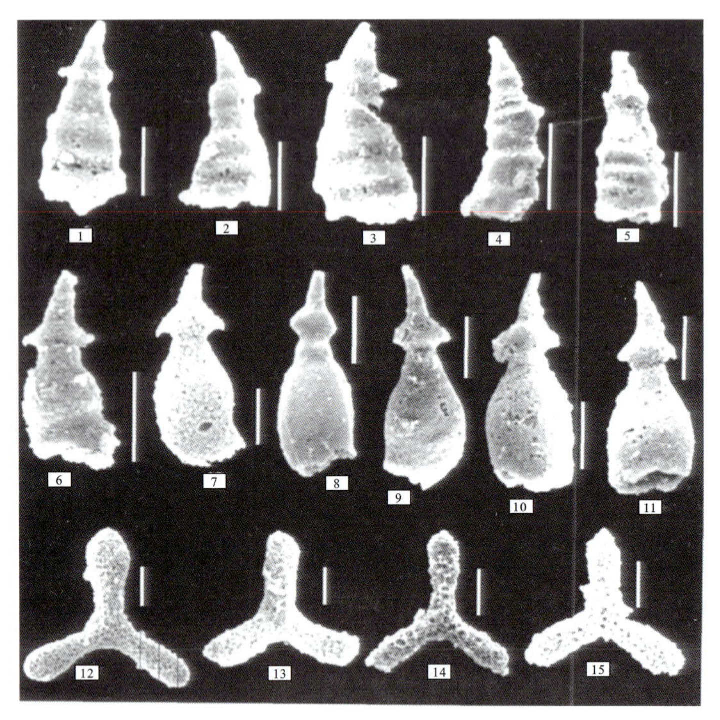

图 3-7　孤峰组硅质岩中的放射虫化石

1～3. *Pseudoalbaillella longanensis* Sheng & Wang, 1985；4～5. *Pseudoallbaillella ishigai* Wang, 1994；6～10. *Pseddoalbaillella fusiformis*(Holdsworh & Jones, 1980)；11～15. *Laenifisula paagilaerala* Nazarov& Ormison, 1985，据马强分，冯庆来，2012

3)基本层序及层序地层划分

孤峰组第一段底部(图 3-8)硅质岩单层厚度在垂向上没有明显的变化,为厚度变化不明显的基本层序。在层序地层中,属加积型副层序。其上为向上变薄的基本层序,分为两种类型,第一种类型全为硅质岩,向上单层厚度变薄;第二种类型向上单层厚度变薄,且上部见有硅质泥岩(图 3-9)。在向上变薄的基本层序中,各基本层序单层厚度差别较大,与当时沉积速率变化有较大的关系。在层序地层中,这类基本层序相当于退积型副层序,是海侵阶段的海侵体系域(TST)。该类基本层序之上为一套微薄层硅质岩与硅质泥岩互层,水平层理发育,硅质岩单层厚度及硅质泥岩夹层数垂向上变化很小或未见变化,属两类单层厚度变化明显的基本层序中间的地层间隔。相当于层序地层中的加积型副层序,代表海侵规模最大时的饥饿段(CS)(图 3-8),最大海泛面划在该饥饿段中间。该地层间隔之上发育向上变厚的基本层序(图 3-8、图 3-10),具两种类型,一种类型中每个基本层序底部为硅质泥岩,向上变为硅质,硅质岩单层厚度向上逐渐变大;另一类基本层序中,每个基本层序底部为薄层—微薄层硅质岩,向上硅质岩单层厚度增大。每个基本层序之间为截然的间断面,基本层序内单层厚度变化是渐变的(图 3-10)。这类基本层序相当于层序地层中的进积型副层序,代表海退期的高水位体系域(HST)。

孤峰组第二段岩性为深灰色薄—中层硅质岩,下部为向上变薄的基本层序,相当于层序地层中的退积型副层序,代表海侵期的海侵体系域(TST)(图 3-11),上部为向上变厚的基本层序,相当于层序地层中的进积型副层序,代表海退期的高水位体系域(HST),两类基本层序之间的地层间隔为一厚 0.8cm 的硅质岩,该层硅质岩相当于层序地层中的饥饿段(CS),最大海泛面(mfs)位于其中(图 3-11)。

实习教学点 4

教学目的:(1)了解岩石地层单位的划分标志,掌握划分方法。

(2)了解地层倒转的标志,判断地层正常与倒转。

(3)了解基本层序的识别和描述方法。

(4)了解层序地层的划分方法。

GPS:E114°24′34.28″,N30°31′31.36″,33m。

点位:位于珞瑜路与八一路延长线交会处东南侧山坡上。

点性:孤峰组第二段(P_2g^2)岩性及基本层序观察点。

描述:点处为孤峰组第二段(P_2g^2)深灰色、灰褐色薄—中层硅质岩夹深灰色硅质泥岩,硅质岩单层厚 2～16cm,发育底模,地层倒转,地层产状:S_0　5°∠84°(倒转)。

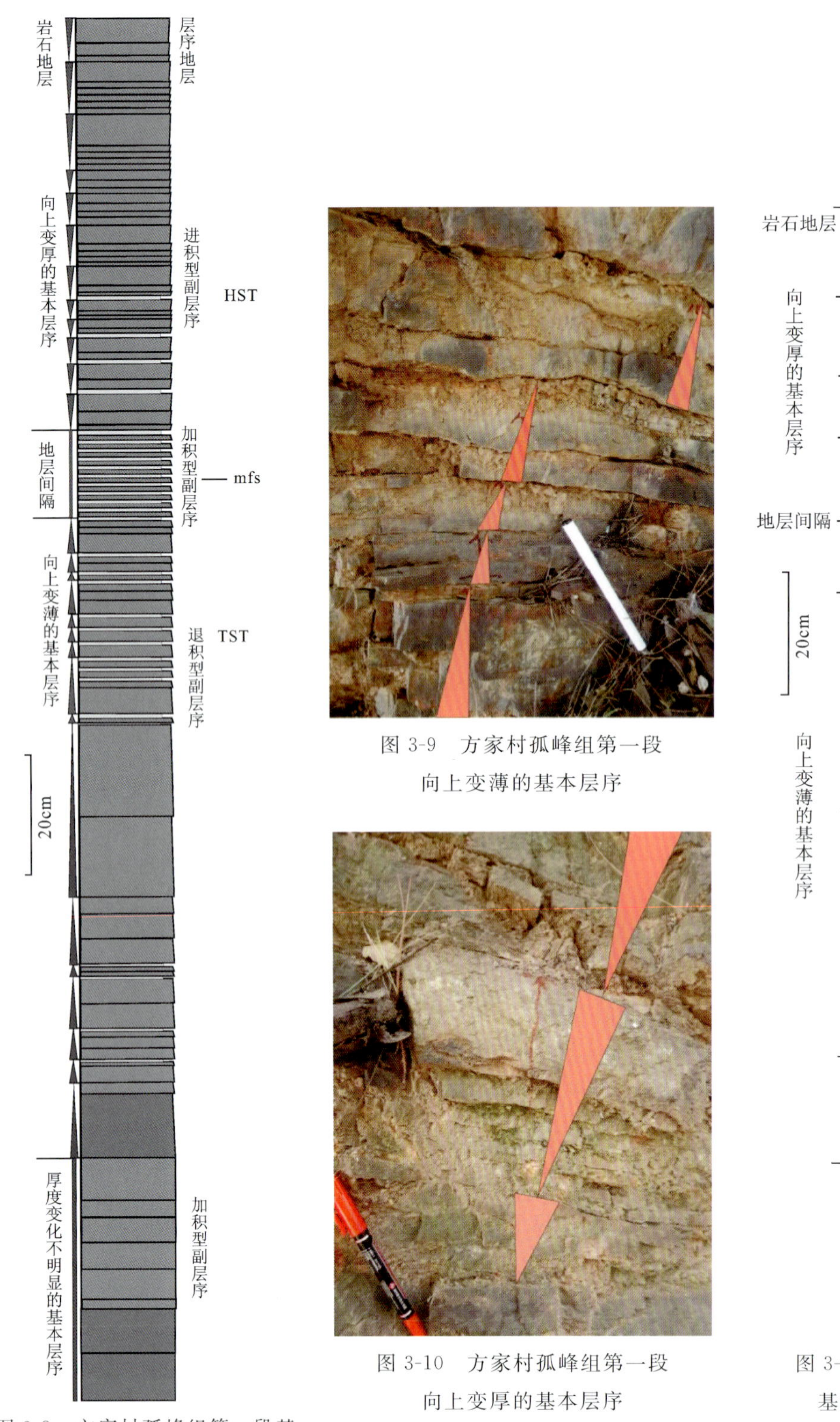

图 3-8　方家村孤峰组第一段基本层序及层序地层划分(灰色为硅质岩,黄色为硅质泥岩)

图 3-9　方家村孤峰组第一段向上变薄的基本层序

图 3-10　方家村孤峰组第一段向上变厚的基本层序

岩石地层
层序地层
向上变厚的基本层序
进积型副层序
HST
地层间隔
mfs
20cm
TST
向上变薄的基本层序
退积型副层序

图 3-11　方家村孤峰组第二段基本层序及层序地层划分

主要教学内容

1)孤峰组第二段(P_2g^2)岩性特征及与第一段(P_2g^1)的差别

点处孤峰组第二段(P_2g^2)主要为硅质岩,见有多层中层的硅质岩,个别单层厚达 16cm,缺乏或极少有单层厚度小于 1cm 的硅质岩,与前一点孤峰组第一段差别较大。

2)地层倒转关系的判别

地层序列是在判断清楚地层的正倒后才确定的,因此地层的正倒判别是建立地层序列的关键。地层正倒通常根据示顶构造来判别,这些示顶构造包括地层原生的沉积构造,如波痕、交错层理、粒序层理、槽模、重荷模、泥裂等,以及后期构造成因的劈理等。点处孤峰组第二段中发育大量的重荷模,也称底模(图 3-12),代表岩层的底面,底面朝上,表示地层倒转。

图 3-12　孤峰组第二段硅质岩中的底模

3)地层基本层序及层序地层划分

该段下部发育向上变厚的基本层序(图 3-13),每个基本层序中硅质岩单层向上变厚,相当于层序地层中的进积型副层序,代表海退期的高水位体系域(HST)。其上为向上变薄的基本层序(图 3-13、图 3-14),包括两种类型:一种类型全是硅质岩,向上硅质岩单层厚度变小;另一种基本层序向上硅质岩单层厚度变小,且夹有硅质泥岩。相当于层序地层中的退积型副层序,代表海侵期的海侵体系域(TST)。向上变厚及向上变薄基本层序之间具有地层间隔,相当于层序地层中的层序界面,也是一地层结构转换面。

四、思考题及作业

(一)思考题

(1)南望山与喻家山地区志留系与泥盆系之间是何接触关系?区域上志留纪坟头组与泥盆纪五通组之间发育有中志留世的、以砂岩为主但又有别于五通组的茅山组,该组为什么在南望山、喻家山一带缺失?

(2)实习点 1 泥盆纪五通组第三段与中国地质大学(武汉)北区西侧二叠纪孤峰组之间具有一段第四系覆盖,根据区域上泥盆系—二叠系的地层序列(图 3-2),判断该覆盖层之下是否存在有完整的石炭纪高骊山组至二叠纪栖霞组的地层。

(3)野外判断并划分基本层序的主要依据是什么?

(4)为什么在划分基本层序和层序地层时必须要判别地层的正倒? 判断地层正倒的主要标志有哪些?

(5)不同类型的基本层序之间为什么有地层间隔? 岩石地层学中的地层间隔相当于层序地层的哪些界面?

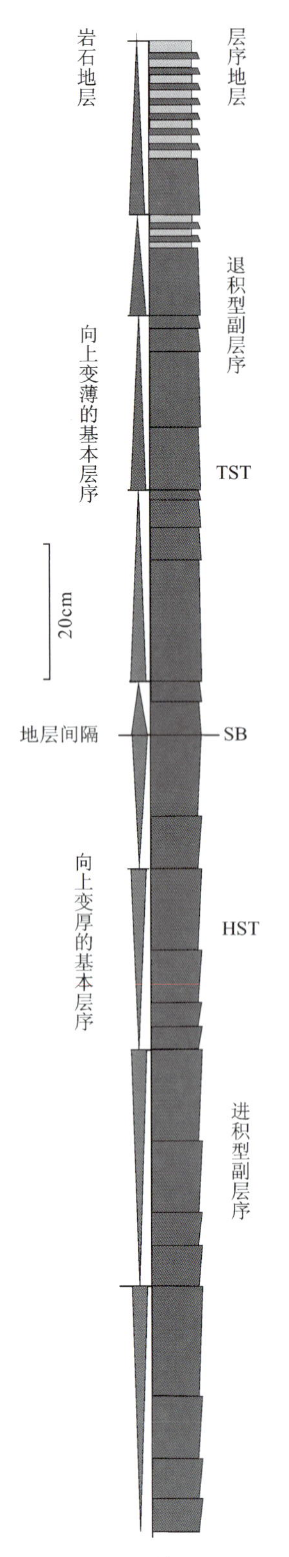

图 3-13 孤峰组第二段基本层序与层序地层划分

图 3-14 孤峰组第二段向上变薄基本层序

(二)作业

(1)根据教学点 1、2 晚泥盆世五通组各段的岩性、岩石组合及基本层序特征,建立南望山地区五通组地层序列。并根据其岩性及副层序特征,分析判断五通组海平面变化及层序变化规律。

(2)根据教学点 3、4 中二叠世孤峰组各段的岩性、岩石组合及基本层序特征,建立南望山地区孤峰组地层序列。孤峰组中可能有哪些类别的古生物化石?如何采集化石,并建立生物地层单位?根据孤峰组各段岩性及副层序特征,分析判断孤峰组海平面变化及层序变化规律。

第四章　武汉市蔡甸区侏儒山地层学野外教学路线

一、区域地质简介

侏儒山实习区位于武汉市蔡甸区侏儒山镇一带，该区属丘陵区，西侧为江汉平原。由于近年来的石材开采，区内原有的一些低山多已被削平，部分已成为地势较低的深坑。区内交通便利，G50及318国道贯穿该区，由中国地质大学（武汉）前往该实习区，一般需要1.5个小时。

大量的石材开采形成的采场、深坑为地层的揭露提供了方便，实习区内志留纪—二叠纪地层出露齐全，且地层界线清楚，为武汉周边所罕见，为地层学的野外实习奠定了基础。

该区前人地质工作基础薄弱，1∶20万沔阳幅（H-49-ⅩⅤⅢ）涉足该区，但由于该幅主要为第四系，前人没有启动该图幅的区域地质调查工作。后来的1∶25万及1∶5万区域地质调查也没有涉足该区。

为了更好地了解该区的地质特征，尤其是地层分布特征，项目组对侏儒山地区进行了初步的区域地质调查，基本查明了该区区域地层分布，完成了该区的地质图（图4-1）及地层综合柱状图（图4-2）。

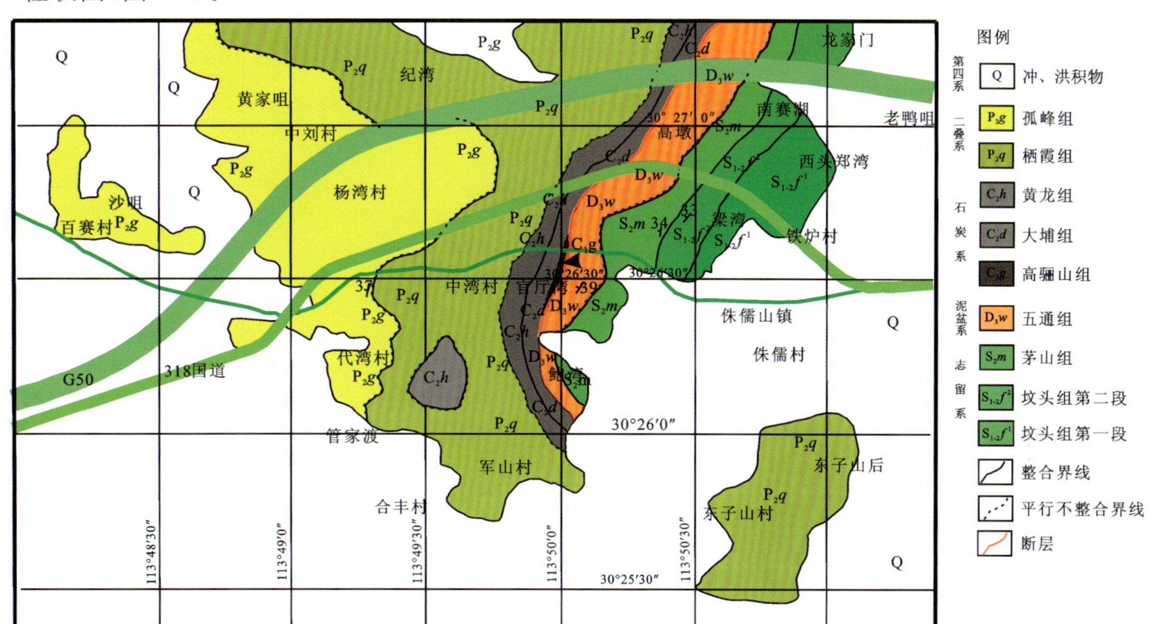

图4-1　武汉市蔡甸区侏儒山地区地质图

年代地层 系	年代地层 统	岩石地层 组	岩石地层 段	代号	厚度（m）	岩性柱	岩性简述	古生物化石
二叠系	中统	孤峰组		P_2g	77～104		黑色薄层硅质岩夹灰黑色泥岩，上部夹有深灰色薄—中层含燧石团块微晶灰岩	
							平行不整合	
二叠系	中统	栖霞组		P_2q	105～238		顶部为深灰色含生物碎屑微晶灰岩、含碳质微晶灰岩，局部含磷锰质结核； 中上部为灰色、深灰色中—厚层含燧石团块微晶灰岩，含生物碎屑微晶灰岩； 下部为深灰色中—厚层含生物碎屑微晶灰岩夹灰黑色海泡石泥岩，局部为瘤状灰岩； 底部为厚5～6cm的黑色煤层	*Polythecalis yangtzeensis*
							平行不整合	
石炭系	上统	黄龙组		C_2h	0～80		顶部为深灰色、浅灰色及肉红色球粒灰岩及生物碎屑灰岩； 其下为灰白色、浅灰色厚—巨厚层生物碎屑灰岩、白云质灰岩，细晶灰岩	*Fusulina* sp., *Triticites* sp.
石炭系	上统	大埔组		C_2d	0～50		浅灰色、灰白色巨厚层—块状白云岩	
							平行不整合	
石炭系	下统	高骊山组		C_1g	0～44		灰黄色粉砂岩、紫红色粉砂质泥岩、泥岩夹紫红色赤铁矿透镜体	*Gigantoproductus* sp.
							平行不整合	
泥盆系	上统	五通组		D_3w	0～118		上部为灰白色中—巨厚层细粒石英砂岩、粉砂岩及粉砂质泥岩； 中下部为灰白色巨厚层—块状细—中粒石英砂岩； 底部为灰白色厚层—巨厚层石英砾岩	*Leptophloeum, rhombicam* *Lingula* sp.
							平行不整合	
志留系	中统	茅山组		S_2m	30～50		上部为黄绿色、紫红色粉砂岩、粉砂质泥岩、泥岩； 中下部为灰白色中—巨厚层细—中粒石英砂岩夹紫红色泥岩及粉砂质泥岩	
							平行不整合	
志留系	下统	坟头组	上段	$S_{1-2}f^2$	30～60		青灰色、灰色泥岩、粉砂质泥岩夹浅灰色薄—厚层细粒砂岩	*Coronocephalus* sp.
志留系	下统	坟头组	下段	$S_{1-2}f^1$	40～70		灰黄色、青灰色泥岩、粉砂质泥岩	*Eospirifer* sp.

图 4-2　武汉市蔡甸区侏儒山地区古生界综合地层柱状图

该区地层出露齐全，自志留系到二叠系均有出露，自下而上介绍如下。

（一）志留系

志留系分为坟头组和茅山组两个岩石地层单位，坟头组根据岩性可划分为两个岩性段，自下而上分述如下。

坟头组第一段（$S_{1-2}f^1$）：青灰色、灰黄色泥岩、粉砂质泥岩夹薄层粉砂岩及粉砂岩条带，产双壳类、三叶虫化石，厚度：4～70m。

坟头组第二段（$S_{1-2}f^2$）：青灰色、灰黄色泥岩、粉砂质泥岩夹灰色、灰黄色薄—中层长石石英砂岩。产三叶虫及腕足类化石：*Eospirifer* sp.，*Coronocephalus rex*，厚度：30～60m。

茅山组（S_2m）：灰黄色、紫红色及灰白色中—厚层石英砂岩夹紫红色、青灰色泥岩、粉砂质泥岩，产少量三叶虫化石，厚度：30～50m。

（二）泥盆系

泥盆系仅有晚泥盆世五通组一组，底部为灰白色厚—巨厚层石英质砾岩，中下部为灰白色中—厚层细—中粒石英砂岩，发育平行层理、板状及楔状交错层理，上部为灰白色薄—中层石英砂岩、紫红色、灰黄色泥岩及粉砂质泥岩，产古植物及腕足类化石：*Leptophloeum rhombicum*，*Lingula* sp.，厚度：0～118m。

（三）石炭系

石炭系厚度较小，但可分为3个组，自下而上为高骊山组、大埔组和黄龙组。

高骊山组（C_1g）：与泥盆纪五通组为平行不整合接触，可分为3部分，上部为灰白色薄—中层细粒石英砂岩、粉砂岩、褐黄色钙质泥岩夹泥灰岩透镜体，产腕足类和珊瑚化石：*Gigantoproductus* sp.，*Cleiothyridina* sp.，*Ekavosaphyllum* sp.；中部为灰黄色粉砂质泥岩、泥质粉砂岩夹紫红色赤铁矿透镜体；下部为杂色泥岩夹灰白色粉砂岩及细砂岩，产腕足类化石：*Rhodea hsiangensis*，*Lingula elliptica*，*Orbiculoidea damanensis*，以及古植物化石：*Sublepidodendron mirabile*。厚度：0～44m。

大埔组（C_2d）：浅灰色、灰白色厚层—块状白云岩，厚度：0～50m。

黄龙组（C_2h）：上部为深灰色厚层—块状生物碎屑灰岩、球粒灰岩，产蜓类化石：*Triticites parvulus*；中下部为浅灰色、灰白色厚层—块状生物碎屑灰岩、含生物碎屑微晶灰岩、白云质灰岩，球粒灰岩，产大量有孔虫及蜓类化石：*Fusulina* cf. *quasicylindrica*，*Fusulinella bocki*，*Protofusulinella* sp.。厚度：0～80m。

（四）二叠系

二叠系在实习区出露较多，分为两个组：栖霞组和孤峰组。

栖霞组（P_2q）：与下伏石炭纪黄龙组为平行不整合接触，岩性主要为深灰色、灰黑色中—厚层含生物碎屑微晶灰岩，微晶灰岩，夹较多的灰黑色海泡石泥岩，局部以海泡石泥岩为主，形成瘤状灰岩，夹大量黑色燧石团块及条带，底部具一层厚5～6cm的黑色薄煤层（相当于区域上的梁山组，由于厚度较薄，归于栖霞组）。产大量腕足类、蜓类及有孔虫化石，主要有：*Polythecalis yangtzeensis*，*Hayasakaia elegantula*，*Parafusulina* sp.，*Nankinella* sp.，厚度：105～208m。

孤峰组（P_2g）：灰黑色薄层硅质岩、硅质泥岩，夹少量深灰色薄—中层微晶灰岩，产菊石及双壳类化石：*Paragastrioceras* sp.，*Alludoceras* sp.，厚度：77～104m。

（五）第四系

第四系在实习区分布很广，主要为冲、洪积的砂、泥土。山麓带见有部分坡积成因的砂砾石层。

二、教学目的及主要教学内容

（一）教学目的和任务

（1）野外掌握岩石地层单位的划分方法，尤其是通过岩石组合进行组内段的划分。

（2）野外观察描述陆源碎屑地层和碳酸盐岩地层中基本层序，掌握基本层序的描述方法。

（3）野外观察描述几个重要的平行不整合界面，掌握平行不整合界面的描述方法，并了解其在岩石地层划分、层序地层学及区域地质演化中的重要性。

（4）野外观察描述层序地层中的副层序，识别进积型、退积型、加积型副层序以及饥饿段，初步掌握海侵体系域（TST）、高水位体系域（HST）的识别标志，了解相对海平面变化旋回。

（5）在几个化石富集层位采集主要门类的生物化石，了解生物带的概念及生物地层学的重要性。

（6）野外观察描述事件地层学几个重要的地质事件留下的沉积记录，了解这些地质事件在地层对比中的意义。

（二）主要教学内容

（1）观察描述几个主要岩石地层单位（茅山组/坟头组，五通组/茅山组、高骊山组/五通组，栖霞组/黄龙组、孤峰组/栖霞组）的主要岩性特征及界线划分标志，了解组与组之间的划分依据及划分方法。尤其是了解坟头组第一段与第二段之间根据岩性组合划分的方法。

（2）观察描述坟头组第二段、茅山组、五通组等陆源碎屑岩地层中的基本层序，以及观察描述栖霞组、孤峰组碳酸盐岩及硅质岩地层中的基本层序，掌握基本层序的划分方法，通过实例了解向上变厚、变粗，以及向上变薄、变细的基本层序的特点和含义。

（3）观察地层，尤其是陆源碎屑岩地层中的小间断面，了解间断面的含义。观察描述几个重要的不整合面（五通组/茅山组、高骊山组/五通组、栖霞组/黄龙组、孤峰组/栖霞组），以及地层中的逆冲推覆构造。

（4）以茅山组、栖霞组、孤峰组为例，观察描述层序地层中的副层序，用图示的方法记录副层序的类型及所代表的体系域类型和相对海平面的变化规律。

（5）在坟头组、高骊山组、栖霞组、孤峰组中采集三叶虫、双壳类、腕足类、海百合茎化石，了解生物化石在地层划分对比中的重要性。

(6)观察描述茅山组的红层、栖霞组下部的海泡石泥岩，掌握事件地层学的工作方法。

三、教学点介绍

根据上述教学目的和教学任务，在侏儒山地区选择了10个地层学野外实习教学点，涵盖了岩石地层学、生物地层学、事件地层学等方面的内容，现分述如下。

实习教学点1

教学目的：(1)了解志留纪坟头组第一段与第二段的岩石地层特征及划分标志。

(2)了解基本层序的识别和描述方法。

(3)了解层序地层的野外工作方法。

GPS：E113°5′36.30″，N30°26′52.06″，37m。

点位：位于蔡甸区侏儒山镇318国道北侧。

点性：$S_{1-2}f^2/S_{1-2}f^1$分界点。

描述：点东为$S_{1-2}f^1$灰黄色、黄绿色泥岩、粉砂质泥岩，夹灰黄色粉砂岩条带，条带厚0.2～0.8cm，发育水平层理(图4-3)。局部产有双壳类和三叶虫化石，化石保存较差。

图4-3　蔡甸区侏儒山镇坟头组第一段($S_{1-2}f^1$)灰黄色粉砂质泥岩夹粉砂岩条带

根据粉砂岩条带及水平层理，确定地层产状。地层产状：S_0　336°∠22°。

点西为$S_{1-2}f^2$灰色薄—中层细粒长石石英砂岩夹灰黄色泥岩，砂岩单层厚5～20cm，见不很明显的小型交错层理，间夹泥岩厚0.5～5cm，泥岩发育水平层理。

二者为整合接触，依据：①产状一致；②未见大的侵蚀面及古风化壳；③上下地层沉积相类似；④未见地层缺失。

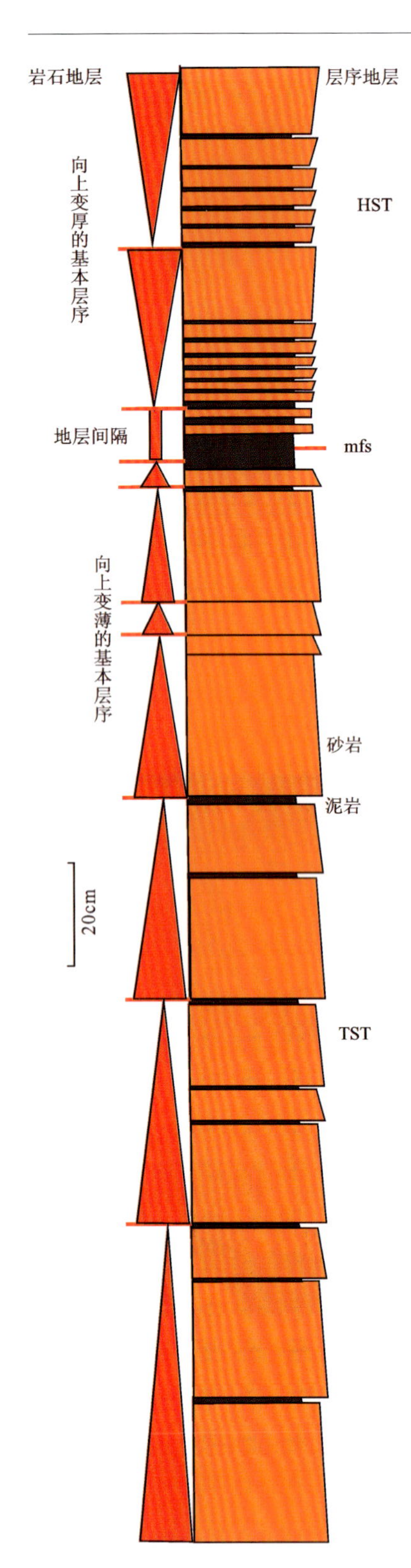

图 4-4　蔡甸区侏儒山镇坟头组第二段（$S_{1-2}f^2$）地层基本层序及层序地层

主要的教学内容

1）坟头组第一段（$S_{1-2}f^1$）及第二段（$S_{1-2}f^2$）的划分标志

坟头组第一段以大套泥岩为特征，第二段虽以泥岩为主，但局部发育有大量的薄—中层砂岩，与第一段构成明显区别，因此以大套薄—中层砂岩的出现作为第二段的底界。

2）坟头组第二段基本层序及层序地层

从图 4-4 中可以看出，下部为向上变薄的基本层序，每个基本层序自下而上砂岩层变薄，泥岩增多，相当于层序地层中退积型副层序，代表海侵期的海侵体系域（TST）。这类基本层序之上为向上变厚的基本层序（图 4-4，图 4-5），从图 4-5 中可以看出明显的向上变厚的基本层序，每个基本层序底部多为泥岩，向上砂岩增多，砂岩厚度变大，相当于层序地层中的进积型副层序，代表海退期的高水位体系域（HST）。这两类基本层序之间（图 4-4）显示不出向上变厚或变薄的变化趋势，相当于层序地层中的加积型副层序，代表当时海平面上升最高时的沉积。两类基本层序之间必须有一个地层间隔。这个地层间隔相当于层序地层中的地层结构转换面，最大海泛面就划在中间（mfs）。

图 4-5　蔡甸区侏儒山镇坟头组第二段向上变厚的基本层序

实习教学点 2

教学目的：(1)了解坟头组第二段岩石地层特征及主要标志。

(2)了解基本层序的识别和描述方法。

(3)掌握野外顺手地层剖面图的制作方法。

点位：位于蔡甸区侏儒山镇捉马山东缘山头。

GPS：E113°50′22.41″，N30°26′37.64″，40.6m。

点性：坟头组第二段($S_{1\text{-}2}f^2$)岩性特征及基本层序观察点。

地层描述：点处为坟头组第二段($S_{1\text{-}2}f^2$)青灰色粉砂质泥岩、泥岩夹灰色薄—中层细粒长石石英砂岩，砂岩单层厚 2～40cm，多呈楔状体，局部夹有硅质岩角砾，角砾含量 10%，砾径 0.2～0.3cm，全为黑色硅质岩。分布在砂岩层底部，具有一定的分选。泥岩中产三叶虫化石，化石保存较好，为原地埋藏(图 4-6)。

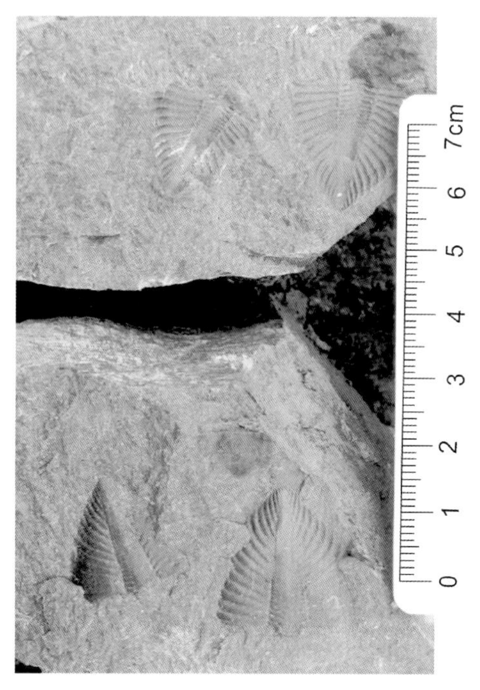

图 4-6　蔡甸区侏儒山镇坟头组第二段三叶虫化石

地层序列如下(图 4-7)：

⑦青灰色泥岩、粉砂质泥岩；

⑥灰色、灰黄色薄—中层细粒石英砂岩；

⑤青灰色泥岩、粉砂质泥岩；

④灰色中层细—中粒石英砂岩，单层厚 12～40cm，局部砂岩层底部含 10%的黑色硅质岩角砾，角砾含量 10%，砾径 0.2～0.3cm，全为黑色硅质岩。砂岩多呈楔状体，发育楔状交错层理；

③青灰色泥岩、粉砂质泥岩；

②灰色薄—中层细粒长石石英砂岩，夹灰黄色泥岩；

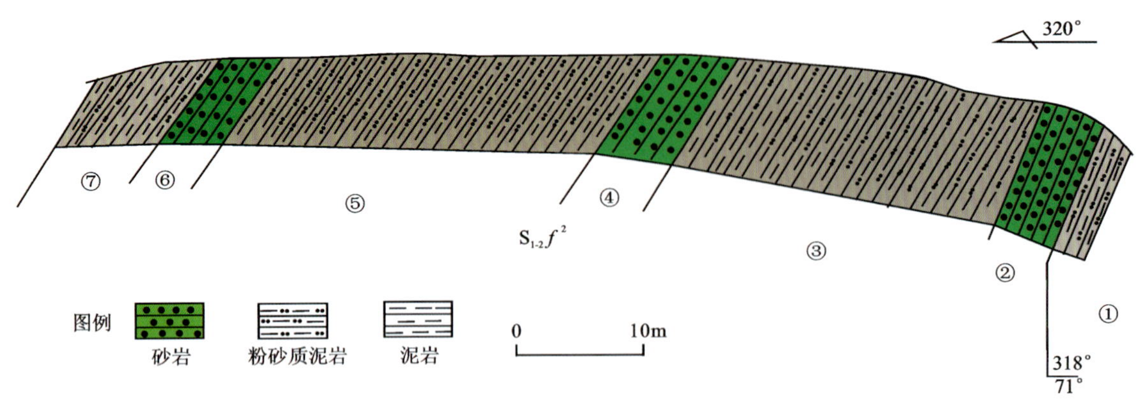

图 4-7　蔡甸区侏儒山镇捉马山东缘山头坟头组第二段地层顺手剖面图

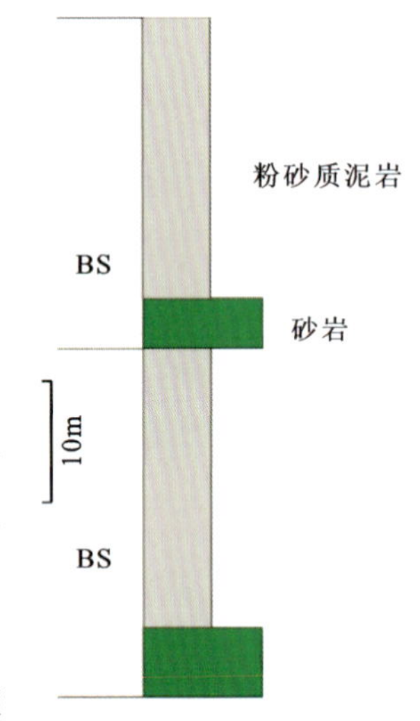

图 4-8　蔡甸区侏儒山镇坟头组第二段基本层序

①青灰色泥岩、粉砂质泥岩。

地层产状：S_0　318°∠71°。

主要教学内容

1）坟头组第二段（$S_{1-2}f^2$）岩石地层特征

本段以出现薄—中层石英砂岩，砂岩与泥岩互层为特征。

2）熟练掌握野外顺手剖面图的制作方法

野外地层调查中通常需要作顺手地层剖面图来表示地层序列及地层分布情况，地层顺手剖面图的要素包括地形线、分层线、地层单位分界线、分层号、岩性花纹、产状、剖面方位、图例、图名，如果采样及照相，需要标上样品号及照片号（图 4-7）。

3）基本层序的识别

坟头组第二段岩性组合为砂岩与泥岩互层，二者构成明显的旋回层，这种旋回层也就是基本层序，正是这种基本层序在地层中重复出现。每个基本层序具有向上变薄、变细的特点，其下部为灰色、灰黄色薄层—中层细粒石英砂岩，上部为泥岩、粉砂质泥岩（图 4-8）。

实习教学点 3

教学目的：（1）了解志留纪坟头组与茅山组的划分依据，掌握岩石地层单位的划分方法。

（2）掌握岩石地层界线的描述方法。

（3）了解层序地层界面的识别标志。

点位：位于蔡甸区侏儒山镇捉马山东缘水塘边。

GPS：E113°50′21.49″，N30°23′36.84″，32m。

点性：$S_2m/S_{1-2}f^2$ 界线点。

描述：点南东为坟头组第二段（$S_{1-2}f^2$）青灰色粉砂质泥岩，发育不很明显的水平层理。地层产状：S_0　313°∠34°。

点北西为茅山组（S_2m），底部为灰黄色泥岩（厚 10cm），泥岩之上为灰色、灰黄色中层细粒石英砂岩夹灰黄色泥岩，砂岩单层厚12～18cm。砂岩表面见较多的紫红色铁染（图4-9），发育楔状交错层理。地层产状：S_0　326°∠35°。

图4-9　蔡甸区侏儒山镇茅山组（S_2m）/坟头组（$S_{1-2}f^2$）平行不整合接触关系

主要教学内容

1）坟头组与茅山组的划分依据

坟头组以泥岩、粉砂质泥岩为特征，而茅山组以灰黄色细粒石英砂岩为特征，此外坟头组岩性颜色为青灰色，而茅山组主要为灰黄色、紫红色，划分标志清楚。

2）茅山组与坟头组之间为平行不整合接触关系

茅山组底部的灰黄色松散泥岩多呈泥状，与上下岩性具明显的区别，属古风化壳性质。茅山组与坟头组应为平行不整合接触，其依据：①二者产状一致；②有具古风化壳特征的泥岩；③岩性突变，沉积相差别较大；④二者之间应缺失较多地层（图4-9、图4-10）；该点北侧约50m处可见。

3）层序地层

两组之间的平行不整合界面为层序地层界面（SB），是当时最大海退期的产物，为一个层序的顶底界，该界面之上通常为海侵体系域（TST），该界面之下通常为高水位体系域（HST）。

图 4-10 蔡甸区侏儒山镇实习教学点 3 北侧茅山组(S_2m)/坟头组($S_{1-2}f^2$)平行不整合接触关系

4)标志层及事件层

茅山组发育一套紫红色的泥岩、粉砂质泥岩,属海相红层,该红层在区域上非常稳定,见于鄂西北地区中志留世的纱帽组、江西修水地区中志留世的清水组、贵州同时期的溶溪组,为全球性古气候事件的产物,属标志层,可以进行区域地层对比,且具有一定的等时性。

实习教学点 4

教学目的:(1)了解茅山组岩石地层特征及地层序列。

(2)了解茅山组下部基本层序特征。

(3)了解陆源碎屑岩的海侵体系域及高水位体系域特征。

点位:位于蔡甸区侏儒山镇捉马山西北缘采坑内。

GPS:E113°50′17.39″,N30°26′37.58″,30.7m。

点性:茅山组(S_2m)下部岩性及基本层序观察点。

描述:点处为茅山组(S_2m)下部灰白色、浅灰色薄—厚层细粒石英砂岩夹紫灰色、灰黄色泥岩、粉砂质泥岩,石英砂岩单层厚 2~60cm,见不很明显的平行层理,泥岩内见水平层理。区域上该层位的灰黄色泥岩中可见有三叶虫化石(图 4-11),化石尾部保存较好,应为原地埋藏。地层产状:S_0 270°∠34°。

主要教学内容

1)茅山组岩层组合及地层结构

茅山组岩性以薄—厚层细粒石英砂岩为主,其地层结构为夹层关系。地层描述时需要调查岩性类型,测量岩层的单层厚,确定组合关系及地层结构,让学生准确细致地描述好岩石地层特征。

2)茅山组的基本层序特征

茅山组下部具向上变薄和向上变厚的基本层序(图4-12、图4-13)。图4-13下部为向上变薄的基本层序,每个基本层序向上砂岩单层厚变小,泥岩层增多、增厚。其上为向上变厚的基本层序,每个基本层序向上砂岩增厚,泥岩变少。两类基本层序之间具一地层间隔。图4-13上部具有向上变薄的、泥岩增多的基本层序,与下伏向上变厚基本层序之间也有地层间隔。

3)层序地层中副层序、体系域,以及最大海泛面概念及识别划分方法

图4-12中向上砂岩变薄的为退积型副层序,代表海侵阶段的沉积,属海侵体系域(TST)。在其上向上砂岩变厚为进积型副层序,代表海退期的高水位体系域(HST)。两体系域之间具一层泥岩,水平层理发育,相当于层序地层中的饥饿段(CS),最大海泛面(mfs)划在中间。高水位体系域顶部具一套紫红色泥岩,层理不明显,具有古土壤性质,代表了古暴露,其上与石英砂岩的界面为一层序界面(SB),界面之上为向上砂岩变薄的退积型副层序,为海侵体系域(图4-12)。

实习教学点5

教学目的:(1)了解茅山组上部岩石地层特征及地层序列。

(2)了解茅山组上部基本层序特征,初步掌握基本层序识别及观察描述的方法。

(3)层序地层中副层序及最大海泛面的识别。

(4)层序地层中海侵体系域及高水位体系域的识别及划分。

点位:位于蔡甸区侏儒山镇捉马山西北缘采坑内。

GPS:E113°50′17.39″,N30°26′37.58″,34.8m。

点性:志留纪茅山组(S_2m)上部岩性组合及基本层序观察点。

描述:点处为志留纪茅山组(S_2m)上部灰白色薄—厚层细粒石英砂岩夹灰黄色泥岩、粉砂质泥岩,石英砂岩单层厚5～70cm,见不很明显的平行层理。局部见有紫灰色、灰黄色的古土壤层,古土壤层厚40cm,层理不显。地层产状:S_0 314°∠32°。

主要教学内容

1)基本层序

各基本层序之间岩性及单层厚度变化为突变,层序内岩性及单层厚变化为渐变,基本层序界线划在突变面上。茅山组上部发育有两类基本层序(图4-14、图4-15),一类为向上砂岩单层变薄、泥岩增多的基本层序;另一类为向上砂岩单层变厚、泥岩减少的基本层序。两类基本层序之间具一地层间隔。

2)层序地层

层序地层在野外需要观察识别层序界面、副层序、饥饿段等基本要素,图4-15下部的紫灰色泥岩,层理不清,属古土壤层,为古暴露的标志,其顶界为层序界面(SB),至于属于Ⅰ型不整合界面,还是Ⅱ型不整合界面,需要根据区域对比才能判断。图4-14、图4-15中向上变薄的基本层序相当于层序地层中的退积型副层序,代表了海侵期的海侵体系域(TST),向上变厚的基本层序相当于层序地层中的进积型副层序,代表海退期的高水位体系域(HST),两体系域之间发育饥饿段(CS)沉积,最大海泛面(mfs)位于其中,相当于基本层序中的地层间隔。

图 4-11　蔡甸区侏儒山镇茅山组腕足类化石

图 4-12　蔡甸区侏儒山镇茅山组下部地层序列及基本层序

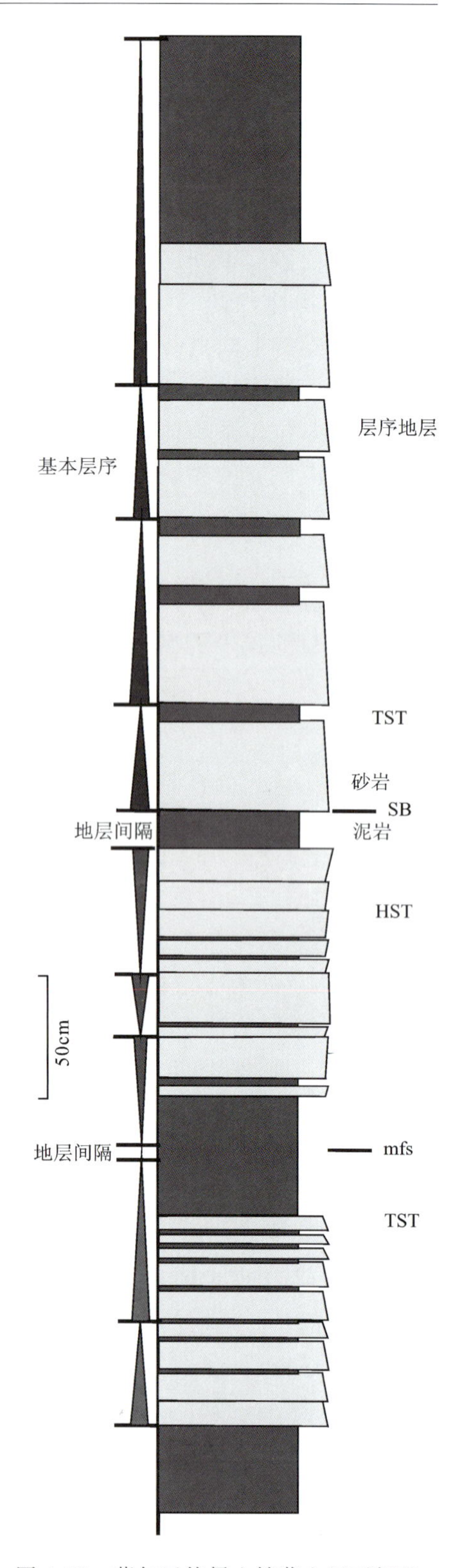

图 4-13　蔡甸区侏儒山镇茅山组下部基本层序及层序地层划分

图 4-14 蔡甸区侏儒山镇茅山组上部的基本层序及层序地层中的副层序

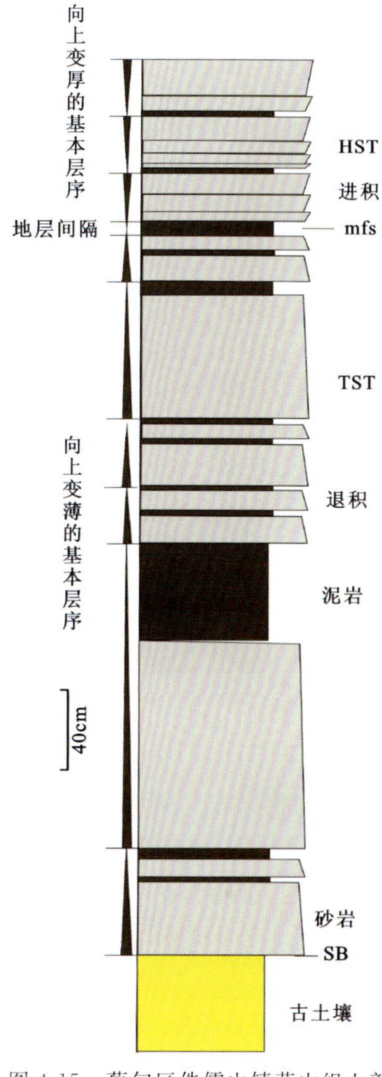

图 4-15 蔡甸区侏儒山镇茅山组上部的基本层序及层序地层划分

实习教学点 6

教学目的：(1)识别平行不整合面，了解其在大地构造及层序地层中的意义，掌握描述方法。

(2)了解层序地层Ⅰ型不整合、海侵面及体系域的特征，熟悉识别标志。

点位：位于蔡甸区侏儒山镇捉马山西北缘采坑内。

GPS：E113°50′12.22″，N30°256′42.17″，39.3m。

点性：D_3w/S_2m 界线点。

描述：点南东为 S_2m 灰黄色泥岩，泥状，层理不显，横向厚度变化较大，局部缺失，属古风化壳。点北西为 D_3w 灰白色厚—巨厚层含砾中粒石英砂岩，单层厚 60～120cm，含砾砂状结构。含 5%的黑色硅质岩角砾，砾径一般为 0.2～0.5cm。地层产状：S_0 315°∠18°。

主要教学内容

1)不整合面处地层序列的描述及不整合的大地构造意义

为了更好地揭示不整合特征及不整合上下地层的特征,通常需要进行剖面描述。不整合界面附近地层序列如下(图 4-16)。

图 4-16 蔡甸区侏儒山镇泥盆系五通组与志留系茅山组的平行不整合接触关系

泥盆纪五通组(D_3w):④灰白色厚—巨厚层含砾中粒石英砂岩,单层厚 60~120cm,含砾砂状结构。含 5%的黑色硅质岩角砾,砾径一般为 0.2~0.5cm。 >100cm

志留纪茅山组(S_2m):③灰黄色泥岩,泥状,层理不显,横向厚度变化较大,局部缺失,属古风化壳。 5cm

②灰白色、浅灰绿色泥岩,上部夹紫红色泥岩条带,见不很明显的水平层理。 40cm

①紫红色、灰紫色粉砂质泥岩,水平层理发育。 40cm

两组为平行不整合接触,产状一致,之间缺失大量地层(D_2—S_3),且具古风化壳。该平行不整合是华南地区加里东运动的结果,导致缺失上志留统—中泥盆统,但由于该区处在扬子板块中心地带,加里东运动的表现仅为地壳抬升,并无挤压造山,故仅为平行不整合。

2)层序地层

在层序地层中,该平行不整合面为Ⅰ型不整合面,是一个三级或以上级别层序的底界,说明其下切深度较大,已下切至陆棚。该不整合面之上开始出现海侵期的沉积,为初始海侵面(TS),其上为海侵期的海侵体系域(TST),而该界面之下为海退期的高水位体系域(HST)。

实习教学点 7

教学目的:(1)了解石炭纪大埔组和泥盆纪五通组上部岩石地层特征。

(2)了解地层界面的识别及接触类型的判别。

(3)掌握地层断层接触关系的描述方法。

点位:位于捉马山西北缘采坑内。

GPS:E113°50′11.14″,N30°26′42.04″,40.5m。

点性:石炭纪大埔组(C_2d)/泥盆纪五通组(D_3w)界线点(断层接触)。

描述:点南东为泥盆纪五通组(D_3w)灰白色巨厚层细—中粒石英砂岩,单层厚度大于150cm,发育不太明显的平行层理。地层产状:S_0　320°∠19°。

点北西为石炭纪大埔组(C_2d)浅灰色块状白云岩及白云质灰岩,层理不明显,产状难测,发育大量的晶洞,晶洞形状不规则(图4-17)。

图4-17　蔡甸区侏儒山镇石炭纪大埔组(C_2d)与泥盆纪五通组(D_3w)的断层接触关系

主要教学内容

1)断层接触关系识别与描述

二者界面清楚,呈岩性突变接触,中间缺失早石炭世地层,且未见古风化壳等平行不整合特征。区域上五通组与大埔组之间应有一套灰黄色、紫灰色泥岩及粉砂岩夹有赤铁矿的地层,区域上命名为早石炭世高骊山组(C_1g),而本点缺失,表明点处二者应为断层接触。断层面倾向北西,倾角15°~25°,由于断面起伏不平,难以测出准确产状。

2)断层接触关系的成因及该类地层调查中需要注意的事项

岩石地层单位之间界面,尤其是一些不整合面由于上下地层岩层的能干性差异较大,多出现滑脱或逆冲推覆断层,因此需要仔细观察界面处是否具有断层的证据,如果是断层,应按断层来描述。部分平行不整合及角度不整合上下地层之间均有滑脱或逆冲推覆的迹象,如果位移不大,可以不作为断层处理。

实习教学点8

教学目的:(1)了解各岩石地层单位的特征及划分标志。

(2)熟悉平行不整合面的识别标志及描述方法。

(3)了解岩石地层间的断层接触关系及描述方法。

点位:位于蔡甸区侏儒山镇老虎洞采坑内。

GPS:E113°50′05.73″,N30°26′23.53″,25m。

点性:石炭纪大埔组(C_2d)与下伏地层的逆冲断层。

描述:如图 4-18、图 4-19 所示,点西为晚石炭世大埔组(C_2d)浅灰色、灰黄色块状白云岩,白云质灰岩,单层厚度大于 200cm,晶洞发育,多充填有亮晶方解石。底部约 50cm 为灰黄色,为岩溶再沉积的白云质灰岩及白云岩。

点东为早石炭世高骊山组(C_1g)紫灰色巨厚层细砂岩夹灰黄色粉砂质泥岩及青灰色粉砂岩,夹有紫红色赤铁矿团块或透镜体,透镜体形状不规则,一般大小(15~20)cm×(5~6)cm,相对密度大。地层产状:S_0　256°∠28°。

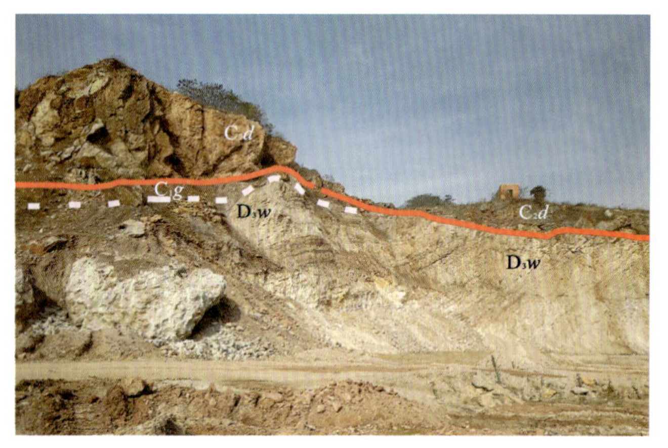

图 4-18　蔡甸区侏儒山镇老虎洞石炭纪大埔组与石炭纪高骊山组、泥盆纪五通组之间的逆冲断层接触关系

图 4-19　蔡甸区侏儒山镇老虎洞早石炭世高骊山组与晚石炭世大埔组的断层接触关系

主要教学内容

1)各岩石地层单位的主要岩石特征

本点岩石地层单位较多,各岩石地层单位的特征如下:茅山组(S_2m)为灰紫色、灰黄色粉砂岩、粉砂质泥岩,顶部具古风化壳;五通组(D_3w)为灰白色厚—巨厚层细粒石英砂岩;高骊山组(C_1g)为紫灰色巨厚层细砂岩夹灰黄色粉砂质泥岩,夹有鲕状磁铁矿;大埔组(C_2d)为浅灰色、灰黄色块状白云岩,白云质灰岩。

2)地层单位之间的断层接触关系

从图4-20中可以看出,二者之间为断层接触,该断层在东部处在志留纪茅山组与大埔组之间,向西变至泥盆纪五通组与大埔组之间。点处断距相对较小,上下地层产状近平行,断面不平整,缺失部分地层,尤其是缺失高骊山组与大埔组之间的古风化壳。从图4-20中也可以看出,点东部泥盆纪五通组(D_3w)与石炭纪大埔组(C_2d)之间为断层接触,上下地层产状不一致,中间缺失大套地层,尤其是缺失早石炭世高骊山组。

图4-20 蔡甸区侏儒山镇老虎洞石炭纪大埔组与下伏泥盆纪五通组及志留纪茅山组之间的逆冲断层接触关系

从图4-20中可以看出,石炭纪大埔组(C_2d)与下伏泥盆纪五通组(D_3w)及志留纪茅山组(S_2m)产状不一致,中间缺失大套地层,界面起伏不平,应为逆冲推覆断层。

图4-21 代湾村二叠纪栖霞组与石炭纪黄龙组的平行不整合接触

3)平行不整合接触关系

该断层面之下,志留纪茅山组与泥盆纪五通组为平行不整合接触,二者产状一致,之间缺失大套地层,包括晚—顶志留世及早—中泥盆世地层。

实习教学点9

教学目的:(1)石炭纪黄龙组(C_2h)与二叠纪栖霞组(P_2q)岩石地层特征及划分标志。

(2)平行不整合面的识别及描述。

(3)基本层序的特征及层序地层Ⅰ型不整合。

(4)层序地层中层序界面、体系域及副层序的识别和特征。

点位:位于蔡甸区侏儒山镇代湾村东采坑内。

GPS:E113°49′22.01″,N30°26′10.60″,36.4m。

点性:二叠纪栖霞组(P_2q)与石炭纪黄龙组(C_2h)的平行不整合界线点。

描述:点东为石炭纪黄龙组(C_2h)灰色块状含生物碎屑微晶灰岩,单层厚度大于200cm,发育大量晶洞。

点西为二叠纪栖霞组(P_2q)底部黑色薄煤层,厚5~6cm,相当于区域上的梁山组,由于厚度较小,归于栖霞组底部。其上为栖霞组深灰色薄—厚层含生物碎屑微晶灰岩夹灰黑色海泡石泥岩,灰岩中见有大量腕足类化石,化石保存较好,为原地埋藏。地层产状:S_0　265°∠22°。

主要教学内容

1)黄龙组与栖霞组岩石地层特征及划分依据

黄龙组为灰色块状灰岩,而栖霞组为灰黑色或深灰色薄—厚层灰岩夹灰黑色海泡石泥岩,二者的区别主要是:①颜色;②单层厚;③岩性组合及夹层。

2)平行不整合接触关系

两组为平行不整合接触(图4-21),其证据为:二者产状一致;中间缺失早二叠世地层(相当于含 *Psedodoschwageria* 的紫松阶和含 *Pamirina* 的隆林阶);虽未见到古风化壳,但见发育有相当于梁山组的薄煤层,说明有区域上的海退及剥蚀事件。

3)基本层序

发育两类基本层序(图4-22),一类为向上变薄的基本层序,每个基本层序下部为灰岩,灰岩单层向上变薄,上部为海泡石泥岩;另一类为向上变厚的基本层序,每个基本层序下部为海泡石泥岩,其上为灰岩,灰岩层向上变厚,两类基本层序之间具有一地层间隔。

4)层序地层

黄龙组与栖霞组之间的平行不整合也为层序地层中的不整合,属一层序界面(SB),其上具向上变薄的退积型副层序,代表海侵体系域(TST),随后变至向上变厚的、代表海退期的高水位体系域(HST)(图4-22),二者之间具一最大海泛面(mfs)。

实习教学点10

教学目的:(1)熟悉二叠纪栖霞组和孤峰组岩性、岩性组合特征及划分标志。

(2)熟悉基本层序的测量及描述方法。

图 4-22　蔡甸区侏儒山镇代湾村栖霞组下部基本层序

(3)熟悉平行不整合的描述方法。

(4)熟悉层序地层学中的一些概念：层序界面、副层序、海侵体系域、高水位体系域及最大海泛面。

点位：位于蔡甸区侏儒山镇代湾村东采坑内。

GPS：E113°49′20.31″，N30°26′09.41″，30m。

点性：二叠系孤峰组(P_2g)/栖霞组(P_2q)地层界线点。

描述：点南东为栖霞组(P_2q)深灰色块状含生物碎屑微晶灰岩，单层厚度大于 300cm，含少量腕足类动物化石。灰岩层地面起伏不平，具有古喀斯特现象。

点北西为孤峰组(P_2g)黑色薄层硅质岩夹灰黑色薄层硅质泥岩，硅质岩单层厚 1～6cm，具水平层理。间夹的硅质泥岩水平层理发育，风化后呈泥状。地层产状：S_0　280°∠23°。

主要教学内容

1)二叠纪孤峰组(P_2g)/栖霞组(P_2q)平行不整合描述及其地质意义

界线处地层序列如下(图 4-23、图 4-24)。

图 4-23　蔡甸区侏儒山镇代湾村二叠纪孤峰组(P_2g)/栖霞组(P_2q)平行不整合接触远观图

图 4-24　蔡甸区侏儒山镇代湾村孤峰组(P_2g)/栖霞组(P_2q)平行不整合及界线处地层序列

二叠纪孤峰组(P_2g)

④黑色薄层硅质岩夹灰黑色薄层硅质泥岩，泥岩中产大量双壳类化石(图 4-25)。

＞60cm

③灰色、灰黄色泥岩夹深灰色、灰黑色硅质泥岩或硅质岩透镜体，透镜体含量 25%～30%，透镜体长椭圆形，一般长 3～4cm，宽 1～2cm，排列定向明显。 30cm

——————————————————平行不整合——————————————————

二叠纪栖霞组(P_2q)

②褐红色黏土岩。 5～7cm

①深灰色块状含生物碎屑微晶灰岩。 ＞100cm

在图中可以看出，二叠纪孤峰组(P_2g)/栖霞组(P_2q)之间为平行不整合接触。

平行不整合依据：

(1)两组之间具一古风化壳。风化壳为褐红色黏土岩，铁铝质含量较高。

(2)上下地层产状一致。

(3)栖霞组灰岩顶部具古喀斯特现象，起伏不平。

该平行不整合发现的意义：

(1)区域上栖霞组与孤峰组之间无平行不整合接触关系的报道，如为平行不整合，说明属中扬子地区的侏儒山地区在中二叠世 Roadian 期晚期具有一次沉积基盘上升，导致明显海退的地质事件，出现了区域性的地表风化剥蚀，形成古风化壳。

(2)或者，现认为是孤峰组的地层其实是晚二叠世大隆组的地层，因为晚二叠世大隆组在区域上与下伏地层为平行不整合(东吴运动)。

(3)因此，现划为孤峰组的硅质岩的地质时代极为重要，需要进行放射虫化石的分析处理，如果是中二叠世，就应是孤峰组。如果是晚二叠世，就应为大隆组。无论是哪一种情况，都将是地层学上的一个重要发现。

2)孤峰组双壳类化石

孤峰组下部泥岩中产大量双壳类化石，主要为海扇类，化石保存较好，为原地埋藏(图4-25)，双壳类化石壳极薄，代表一种水能量较低的环境，可以据此建立古生物群落进行生态地层学研究。

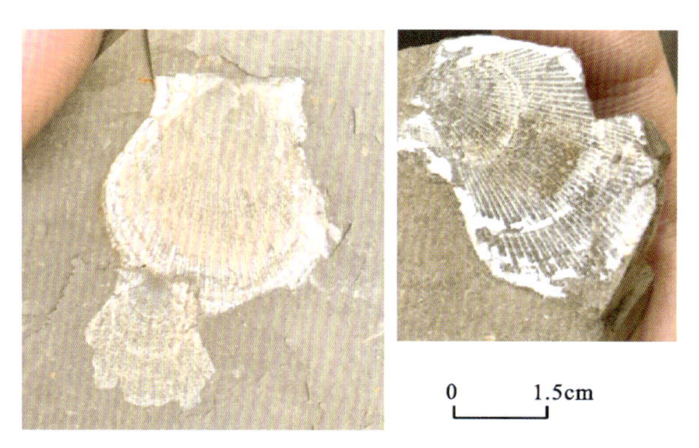

图4-25　蔡甸区侏儒山镇代湾村二叠纪孤峰组(P_2g)双壳类化石

3)基本层序

孤峰组发育两类基本层序(图4-26)，各基本层序之间岩性及单层厚度突变，而基本层序内则为渐变。一类为向上变薄的基本层序，每个基本层序中下部为硅质岩，上部为硅质泥岩，自下而上硅质岩变薄，泥岩增多。另一类为向上变厚的基本层序，每个基本层序下部为泥岩，上部为硅质岩，自下而上硅质岩增厚、增多。两类基本层序之间具有一地层间隔。

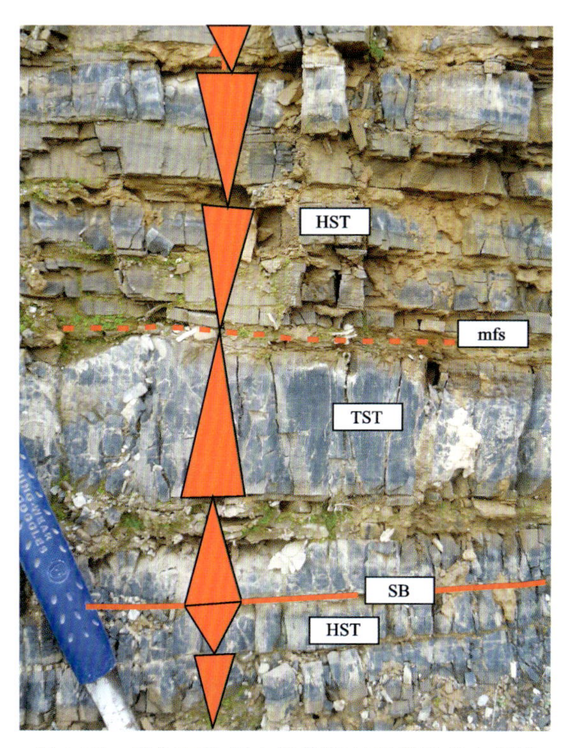

图4-26　蔡甸区侏儒山镇代湾村孤峰组基本层序
及层序地层划分

4)层序地层

①层序界面:孤峰组/栖霞组之间的平行不整合面为区域上一重要的层序地层界面(SB);②副层序:图4-26中底部为向上变厚的基本层序,相当于层序地层中的进积型副层序,代表海退期的高水位体系域(HST),其上为向上变薄的基本层序,相当于层序地层中的退积型副层序,代表海侵体系域(TST),二者之间具一层序界面。海侵体系域之上为向上变厚的进积型副层序,为海退期的高水位体系域(HST),其与下伏海侵体系域之间为一最大海泛面(mfs)。

四、思考题及作业

(一)思考题

(1)什么是地层区划?蔡甸区侏儒山地区在早古生代属哪个地层分区?

(2)蔡甸区侏儒山地区志留纪地层可划分为哪些岩石地层单位?其特征和划分标志是什么?

(3)志留纪坟头组与茅山组之间,茅山组与泥盆纪五通组之间均为平行不整合接触关系,比较这两个平行不整合的异同点。

(4)蔡甸区侏儒山地区石炭系—二叠系可以划分为哪些岩石地层单位?各单位的特征及划分标志是什么?

(5)与中国地质大学(武汉)附近的南望山、喻家山地区相比,侏儒山地区二叠纪孤峰组有什么差别?

(6)蔡甸区侏儒山地区石炭系及二叠系中发育哪些平行不整合?其划分标志是什么?

(7)蔡甸区侏儒山地区二叠纪栖霞组与孤峰组之间是什么接触关系?依据是什么?

(8)以蔡甸区侏儒山镇老虎洞采坑为例,判断岩石地层单位之间的断层(尤其是顺层断层)接触关系。

(9)以蔡甸区侏儒山地区为例,野外如何划分基本层序?基本层序的类型有哪些?其特征如何?

(10)什么叫地层间隔?为什么在基本层序划分中必须要考虑地层间隔?

(11)野外如何识别层序地层中的副层序?副层序的类型有哪些?试述副层序和基本层序的差异点。

(12)野外如何识别层序地层中的层序界面?饥饿段(CS)的特征及意义是什么?

(13)根据野外观察到的地质现象,比较海侵体系域(TST)和高水位体系域(HST)的差别。

(二)作业

(1)根据野外观察资料,总结蔡甸区侏儒山地区早古生代岩石地层序列,指出各岩石地层单位的岩性组合特征、古生物化石、划分标志及相互之间的接触关系。在此基础上进行初步的层序地层划分,绘制相对海平面变化曲线。

(2)根据野外观察资料,总结蔡甸区侏儒山地区晚古生代岩石地层序列,指出各岩石地层单位的岩性组合特征、古生物化石、划分标志及相互之间的接触关系。

(3)在志留纪茅山组及二叠纪孤峰组选取一段地层进行基本层序划分及测量,绘制基本层序序列图。

(4)在二叠纪栖霞组选取一段进行层序地层划分,绘制层序地层柱状图,指出海侵体系域(TST)和高水位体系域(HST)的识别标志。

第五章 黄石市黄思湾-汪仁地区地层学教学路线

一、实习区区域地质简介

该区是中国地质大学(武汉)2002—2005年间“地层学”实习的主要地区，地质构造相对较简单，地层出露较全，包含寒武系、奥陶系、志留系、泥盆系、石炭系、二叠系、三叠系、侏罗系、白垩系及第四系。该区前人工作基础较好，1∶20万蕲春幅涉及该区，其地层分布见图5-1，实习主要在寒武系、奥陶系、志留系、泥盆系、石炭系、二叠系及三叠系出露区中进行。主要的实习地点位于黄石市西塞区黄思湾至汪仁镇一带，该区主要出露寒武系—三叠系，地层序列见图5-2，自下而上分述如下。

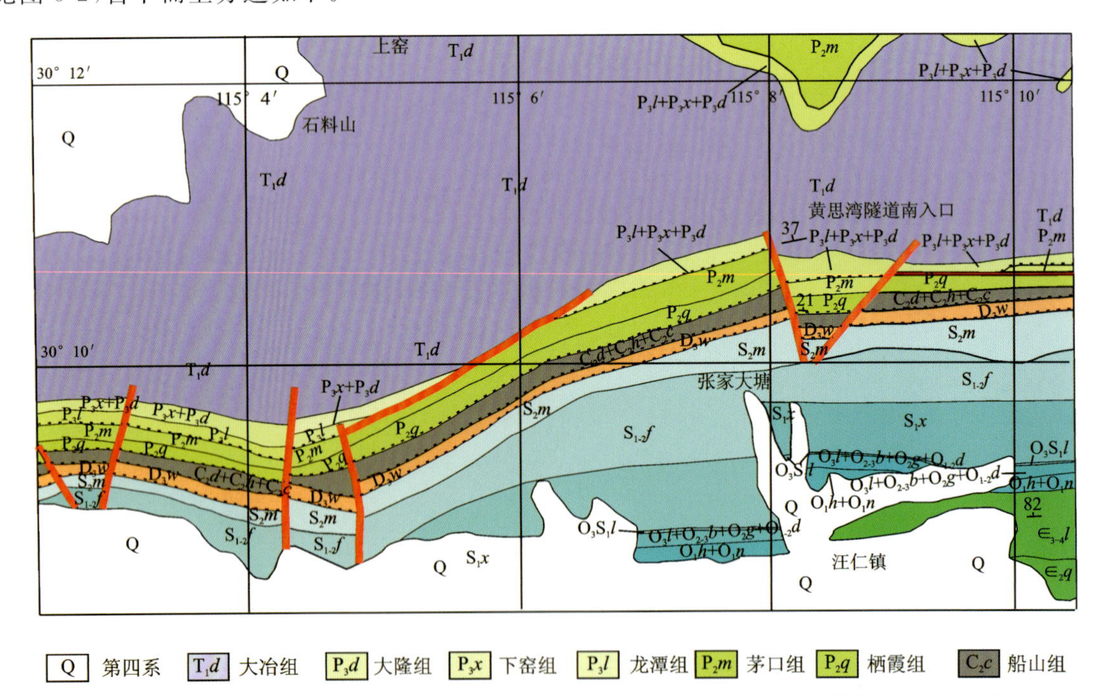

图5-1 黄石市黄思湾-汪仁地区地质图

年代地层 系	年代地层 统	岩石地层 组	岩石地层 段	代号	厚度(m)	岩性柱	岩性简述	古生物化石
三叠系	下统	大冶组	四段	T_1d^4	141		灰白色、浅灰色厚—巨厚层微晶灰岩，鲕粒灰岩及白云质灰岩	
			三段	T_1d^3	212		浅灰色薄层微晶灰岩、蠕虫状灰岩	
			二段	T_1d^2	100		浅灰色中—厚层微晶灰岩、含生物碎屑微晶灰岩	
			一段	T_1d^1	104		黄绿色泥岩夹瘤状泥质灰岩	*Claraia wangi*, *Ophiceras* sp.
二叠系	上统	大隆组		P_3d	4～25		黑色薄层硅质岩、硅质泥岩及碳质泥岩	*Pseudotirolites* sp.
		下窑组		P_3x	17		深灰色中—厚层含燧石团块生物碎屑微晶灰岩	*Dictyoclostus* sp.
		龙潭组		P_3l	20		黑色碳质泥岩、泥岩、灰白色石英砂岩夹薄煤层	*Gigantopteris* sp.
							平行不整合	
	中统	茅口组		P_2m	76～230		浅灰色厚—巨厚层含燧石团块生物碎屑灰岩、含生物碎屑微晶灰岩，局部夹有燧石条带或薄层	*Verbeekina heimi*, *Chusenella sinensis*, *Monticulifera* sp.
		栖霞组		P_2q	53～174		深灰色中—厚层含生物碎屑微晶灰岩，微晶灰岩、瘤状灰岩，夹较多的灰黑色海泡石泥岩，产菊花石	*Polithecalis haohowensis*, *Paracaninia* sp., *Hayasakaia* sp., *Schwagerina* sp.
							平行不整合	
石炭系	上统	船山组		C_2c	12		浅灰色块状生物碎屑灰岩、球粒灰岩、白云质灰岩	*Triticites parvulus*, *Schwangrina* sp. *Fusulina elshanica*, *Ozawainella* sp.
		黄龙组		C_2h	95			
		大埔组		C_2d	30		浅灰色块状白云岩、白云质灰岩	
							平行不整合	
泥盆系	上统	五通组		D_3w	15～68		灰白色厚层—块状石英砂岩、砾岩夹紫红色粉砂质泥岩、粉砂岩	*Leptophloeum rhombicum*
							平行不整合	
志留系	中统	茅山组		S_2m	243		灰白色、紫红色中—厚层长石石英砂岩夹紫红色泥岩、粉砂质泥岩	
		坟头组		$S_{1\text{-}2}f$	339		紫红色、黄绿色粉砂质泥岩、泥岩夹灰黄色薄—中层砂岩	*Coronocephalus gaoluoensis*, *Stritispirifer* sp. *Nalivkininia* sp.
	下统	新滩组		S_1x	610		青灰色、灰色泥岩、粉砂质泥岩	*Pristiograptus* sp.
		龙马溪组		O_3S_1l	27		黑色碳质泥岩、硅质泥岩	*Glyptograptus tortithecalus*, *Climacograptus minutus*, *Dicelograptus ornatus*
奥陶系	上统	临湘组		O_3l	6.9		灰色中层网纹状灰岩、泥灰岩夹灰黄色泥岩	*Sinoceras* cf. *chinesee* (Foord),
	中统	宝塔组		$O_{2\text{-}3}b$	10.6		青灰色、紫红色中—厚层瘤状灰岩及龟裂纹灰岩，产角石	*Michelinoceras elongalum* (Foord)
		牯牛潭组		O_2g	12.4		灰色中—厚层微晶灰岩、龟裂纹灰岩夹少量灰黄色泥岩，产少量角石	*Michelinoceras* sp.
	下统	大湾组		$O_{1\text{-}2}d$	37.2		灰色中—厚层泥质灰岩、龟裂纹灰岩夹灰色、灰黄色泥岩及钙质泥岩，产角石化石	*Belemnoceras* sp.
		红花园组		O_1h	133.9		灰色、深灰色中—厚层细晶灰岩、生物碎屑灰岩	*Hopeioceras* sp., *Cyriovaginoceras* sp.
		南津关组		O_1n	26.9		灰色厚层细晶灰岩、白云质灰岩夹钙质白云岩，产三叶虫化石	*Asaphellus inflatus*
寒武系	顶统 上统	娄山关组		$\epsilon_{3\text{-}4}l$	570		灰色厚层—块状细晶白云岩、藻纹层白云岩	
	中统	覃家庙组		ϵ_2q	100		灰色、浅灰色薄—中层灰质白云岩夹少量灰色、灰黄色泥质白云岩	

图 5-2 黄石市黄思湾-汪仁地区综合地层柱状图

实习区主要见有中寒武统覃家庙组($\in_2 q$)，上—顶寒武统娄山关组($\in_3 l$)，下奥陶统南津关组($O_1 n$)、红花园组($O_1 h$)、大湾组($O_{1\text{-}2} d$)、牯牛潭组($O_2 g$)，中奥陶统宝塔组($O_{2\text{-}3} b$)、上奥陶统临湘组($O_3 l$)及上奥陶统—下志留统龙马溪组($O_3 S_1 l$)，下志留统新滩组($S_1 x$)、下—中志留统坟头组($S_{1\text{-}2} f$)，中志留统茅山组($S_2 m$)，上石炭统大埔组($C_2 d$)、黄龙组($C_2 h$)、船山组($C_2 c$)，中二叠统栖霞组($P_2 q$)、茅口组($P_2 m$)，上二叠统龙潭组($P_3 l$)、下窑组($P_3 x$)、大隆组($P_3 d$)，下三叠统大冶组($T_1 d$)，各组特征自下而上分述如下。

(一)寒武系

寒武系仅有中寒武统覃家庙组($\in_2 q$)和上—顶寒武统娄山关组($\in_{3\text{-}4} l$)两组。

中寒武统覃家庙组($\in_2 q$)：分布在汪仁镇南部，岩性为灰色、浅灰色薄—中层灰质白云岩夹少量灰色、灰黄色泥质白云岩，覆盖严重，厚度大于100m。

上—顶寒武统娄山关组($\in_{3\text{-}4} l$)：分布在汪仁镇南部的几个采场中，出露较好。岩性为灰色厚层—块状细晶白云岩、藻纹层白云岩，夹有少量钙质泥岩，发育较多的古暴露面及古岩溶红土，局部见有古岩溶角砾岩。厚度大于570m。

(二)奥陶系

奥陶系分布在汪仁镇附近，自下而上描述如下。

南津关组($O_1 n$)：灰色厚层细晶灰岩、白云质灰岩夹钙质白云岩，产三叶虫化石 *Asaphellus inflatus* Lu., *Szechunella szechuanensis* Lu, *Shumaridia* sp. 及笔石：*Dictyonema* sp.，厚度大于26.9m。

红花园组($O_1 h$)：灰色、深灰色中—厚层细晶灰岩、生物碎屑灰岩，含少量黑色燧石团块，产角石化石 *Hopeioceras* sp., *Cyriovaginoceras* sp., *Belemnoceras* sp.，厚133.9m。

大湾组($O_{1\text{-}2} d$)：灰色中—厚层泥质灰岩、龟裂纹灰岩夹灰色、灰黄色泥岩及钙质泥岩，产角石化石：*Belemnoceras* sp.，*Protocyeloceras hupeense*(Shimigu et Obuta)，厚37.2m。

牯牛潭组($O_2 g$)：灰色中—厚层微晶灰岩、龟裂纹灰岩夹少量灰黄色泥岩，产角石化石 *Michelinoceras* sp.，厚12.4m。

宝塔组($O_{2\text{-}3} b$)：紫红色、紫灰色中—厚层瘤状灰岩，产角石化石 *Sinoceras* cf. *chinense* (Foord), *Michelinoceras elongatum*(Foord), *M. regulare*(Schlotheim)，厚10.6m。

临湘组($O_3 l$)：灰色中层网纹状灰岩、泥灰岩夹灰黄色泥岩，产三叶虫化石 *Nankinolithus* sp.，厚6.9m。

龙马溪组($O_3 S_1 l$)：黑色碳质页岩、硅质碳质页岩夹黑色薄层硅质岩，夹有一层白色斑脱岩，产大量笔石化石 *Dicellograptus ornatus* Elles et Wood, *D.* sp., *Orthograptus truncates* (Lapworth), *Pristiograptus* cf. revolutus (Kurck), *Climacograptus* cf. *rectangularis* (Mcoy), *Glyptograptus* sp.，厚度大于27.4m。

新滩组($S_1 x$)：灰绿色、黄绿色泥岩、粉砂质泥岩夹少量灰黄色粉砂质纹层，水平层理发育，下部产少量笔石化石 *Climacograptus* sp., *Rastrites* sp., *Pristiograptus* sp., *Monograptus* sp.，厚331m。

坟头组($S_{1-2}f$):灰黄色、浅紫灰色泥岩、粉砂质泥岩夹灰黄色薄层粉砂岩,见大量遗迹化石,厚338.9m。

茅山组(S_2m):底部为紫红色粉砂质泥岩,其上为灰白色中—巨厚层石英砂岩、长石石英砂岩夹紫红色泥岩、粉砂质泥岩,上部产三叶虫及腕足类化石 *Coronocephalus rex* Grabau, *Eospirifer tingi* Grabau,厚243.5m。

(三)泥盆系

五通组(D_3w):底部为灰白色中—厚层石英砾岩,其上为灰白色中—巨厚层石英砂岩夹灰黄色泥质粉砂岩及泥岩,产古植物化石 *Leptophloeum rhombicum*,厚15~67.6m。

底部见有古风化壳及薄层赤铁矿,与下伏茅山组为平行不整合接触。

(四)石炭系

石炭系分为3个组,自下而上为大埔组(C_2d)、黄龙组(C_2h)、船山组(C_2c),分述如下。

大埔组(C_2d):与下伏五通组为平行不整合接触,岩性为浅灰色厚层—块状细晶白云岩、角砾状白云岩,古岩溶发育,具多个古暴露面。厚度大于29.4m。

黄龙组(C_2h):浅灰色厚层—块状白云质灰岩、生物碎屑砂屑灰岩、生物碎屑灰岩,产有孔虫、蜓类化石 *Fusulina* cf. *elshanica* Putrja et Leobvich, *Fusulinella* cf. *eolania* (Lee et Chen), *Ozawainella* sp.,厚95.1m。

船山组(C_2c):深灰色中—厚层含生物碎屑微晶灰岩,生物碎屑砂屑灰岩,顶部为深灰色厚层球粒灰岩,产有孔虫、蜓类化石 *Eoparafusulina bella*, *E. minuta*, *E. contracta*, *Schubertella pseudoobscura*,厚12.4m。

(五)二叠系

二叠系自下而上分为栖霞组(P_2q)、茅口组(P_2m)、龙潭组(P_3l)、下窑组(P_3x)、大隆组(P_3d),分述如下。

栖霞组(P_2q):与下伏船山组为平行不整合接触。岩性为灰黑色中—厚层含生物碎屑微晶灰岩夹黑色海泡石泥岩,夹有黑色燧石条带及团块,产大量的有孔虫、蜓类、腕足类及珊瑚化石 *Polythecalis hochowensis*, *P.* sp., *Paracaninia* cf. *liangshanesis*, *Hayasakaia* sp., *Chusenella sinensis*, *Schwagerina* sp. *Plicatifera minor*, *Urushtenia crenulata*,厚53.6~173.6m。

茅口组(P_2m):灰色、深灰色厚层—块状含生物碎屑微晶灰岩,含大量燧石条带及团块,局部相变夹有多长黑色薄层硅质岩。产蜓类、有孔虫、腕足类及珊瑚化石 *Verbeekina longissima*, *Neoschwagerina* sp., *Pseudofusulina* sp., *Tachylasma* sp., *Protomichelinia* sp.,厚76.7~230.7m。

龙潭组(P_3l):与下伏茅口组为平行不整合接触。岩性为灰色、灰黑色泥岩、粉砂质泥岩、碳质泥岩夹灰黄色细砂岩及薄煤层,产古植物化石 *Gigantopteris* sp., *Sphenophyllum* sp.,

厚 10.4～20m。

下窑组(P_3x):灰黑色、深灰色中—厚层含生物碎屑微晶灰岩,夹大量黑色碎屑条带及团块,产有孔虫、蜓类及腕足动物化石 *Dictyocloptus* sp.,*Punctospirifera* sp.,厚 16.94m。

大隆组(P_3d):黑色薄层含碳质硅质岩、硅质泥岩夹碳质泥岩,产大量菊石、腕足类及双壳类化石 *Pseudotirolites leibiensis*, *Pseudogastrioceras* sp., *Huananoceras* sp., *Discotoceras* sp., *Lingula* sp., *Hunanopecten* sp.,厚 2.4～25.4m。

(六)三叠系

三叠系在实习区仅有大冶组一组,分布范围较大,其特征如下。

大冶组(T_1d):可以明显分为 4 个岩性段。其中,第一段(T_1d^1)为灰黄色、灰色泥岩夹灰色、灰黄色薄层—中层泥质灰岩及微晶灰岩,与下伏大隆组界面处夹 1～2 层白色黏土岩,厚 4～5cm。产菊石和双壳类化石:*Claraia wangi*, *C. griesbachi*,*Ophiceras* sp., *Lytophiceras* sp.,厚 104m。第二段(T_1d^2)为浅灰色中—厚层微晶灰岩夹灰色薄层微晶灰岩及泥质灰岩,厚 100m。第三段(T_1d^3)为浅灰色薄层微晶灰岩,蠕虫状灰岩,厚 212m。第四段(T_1d^4)为浅灰色厚—巨厚层微晶灰岩、白云质灰岩,顶部发育鲕粒灰岩,厚 141m。

(七)第四系

第四系在汪仁一带大量分布,主要有晚更新世的网纹状红土及其上的全新世冲洪积。

二、教学目的及主要教学内容

(一)教学目的和任务

(1)野外掌握岩石地层单位的划分方法,尤其是通过岩石组合进行组内段的划分。

(2)野外观察描述陆源碎屑地层和碳酸盐岩地层中的基本层序,掌握基本层序的描述方法。

(3)野外观察描述几个重要的平行不整合界面,掌握平行不整合界面的描述方法,并了解其在岩石地层划分、层序地层学及区域地质演化中的重要性。

(4)野外观察描述层序地层中的副层序,识别进积型、退积型、加积型副层序以及饥饿段,初步掌握海侵体系域(TST)、高水位体系域(HST)的识别标志,了解相对海平面的变化旋回。

(5)在几个化石富集层位采集主要门类的生物化石,了解生物带的概念及生物地层学的重要性。

(6)野外观察描述事件地层学几个重要的地质事件留下的沉积记录,了解这些地质事件在地层对比中的意义。

(二)主要教学内容

(1)观察描述几个主要岩石地层单位(娄山关组、大湾组、牯牛潭组、宝塔组、临湘组、龙马溪组、新滩组、坟头组、茅山组、五通组、大埔组、黄龙组、船山组、栖霞组、大隆组、大冶组)的主要岩性特征及界线划分标志,了解组与组之间的划分依据及划分方法,尤其是了解茅山组第一段与第二段之间根据岩性组合的划分方法。

(2)观察描述龙马溪组、茅山组、五通组等陆源碎屑岩地层中的基本层序,掌握该类基本层序的划分方法,通过实例了解向上变厚、变粗,以及向上变薄、变细的基本层序的特点和含义。

(3)观察描述娄山关组、牯牛潭组、临湘组、栖霞组、大埔组、黄龙组、大冶组等碳酸盐岩地层中的基本层序,掌握基本层序的划分方法,通过实例了解向上变厚、变粗,以及向上变薄、变细的基本层序的特点和含义。

(4)观察地层,尤其是陆源碎屑岩地层中的小间断面,了解间断面的含义。观察描述几个重要的不整合面(五通组/茅山组、黄龙组/五通组、栖霞组/黄龙组),掌握平行不整合的描述方法。

(5)以茅山组、栖霞组、孤峰组为例,观察描述层序地层中的副层序,用图示的方法记录副层序的类型及所代表的体系域类型和相对海平面变化规律。

(6)在坟头组、高骊山组、栖霞组、孤峰组中采集三叶虫、双壳类、腕足类、海百合茎化石,了解生物化石在地层划分对比中的重要性。

(7)观察描述茅山组的红层、栖霞组下部的海泡石泥岩,了解事件地层学的工作方面。

(8)观察描述第四纪地层序列,初步掌握在第四纪地层的工作方法,尤其是采样方法。

三、教学点介绍

根据上述教学目的和教学任务,在汪仁-黄思湾地区选择了岩石地层、生物地层、年代地层、层序地层、事件地层及旋回地层等方面的16个教学点及三条地层剖面,作为“地层学”野外实践的实习内容。以下将教学点及剖面按地层自老到新的顺序进行介绍。

实习教学点1

教学目的:(1)了解寒武纪娄山关组($\in_{3\text{-}4}l$)岩石地层特征。

(2)了解寒武纪娄山关组($\in_{3\text{-}4}l$)基本层序类型及特征。

点位:汪仁镇东采坑内。

GPS:E115°08′27.33″,N30°09′15.05″,52.8m。

点性:寒武纪娄山关组($\in_{3\text{-}4}l$)基本层序观察点。

描述:点处为寒武纪娄山关组($\in_{3\text{-}4}l$)灰白色、浅灰色中—巨厚层细晶白云岩夹深灰色藻纹层细晶白云岩,白云岩中发育毫米级藻纹层。

地层产状:S_0 174°∠81°。

主要教学内容

1)基本层序类型

该组发育以下几类基本层序类型,代表了沉积环境和海水深度的差异。由于娄山关组沉积时的海水较浅，随着海平面的变化，发育多个古暴露面及古岩溶面，部分还发育岩溶角砾岩。基本层序A(图5-3)中下部为灰白色巨厚层细晶白云岩，上部为岩溶角砾岩，穿插有多条方解石脉，基本层序B(图5-4)主体为灰白色厚层细晶白云岩，顶部具有古岩溶面，发育有少量岩溶红土层。这两类基本层序自下而上均为一缓慢的海退过程，上部具有明显的古暴露，形成了岩溶角砾岩或岩溶红土层。C、E、F(图5-3)为另一种类型，中下部为灰白色厚层细晶白云岩，上部为深灰色中层含藻纹层细晶白云岩(图5-4)，顶部为古暴露面，与基本层序A、B类似，发育有古暴露，但暴露时间较短。基本层序D、G、H为同一类型，下部为灰白色厚层—巨厚层细晶白云岩，上部为深灰色藻纹层细晶白云岩(图5-4)，虽然每个基本层序显现为一缓慢的海退过程，但缺乏暴露标志，无明显的暴露面。每一个基本层序代表了一次海侵海退旋回，但由于是跃式海侵，海侵阶段的沉积极少，在基本层序中很薄或未见及，而海退阶段时间较长，形成了厚度较大的向上变厚、变浅的海退期沉积，整个基本层序中基本为这类沉积，属于一种典型的、跃式海侵、缓慢海退的不对称的基本层序。

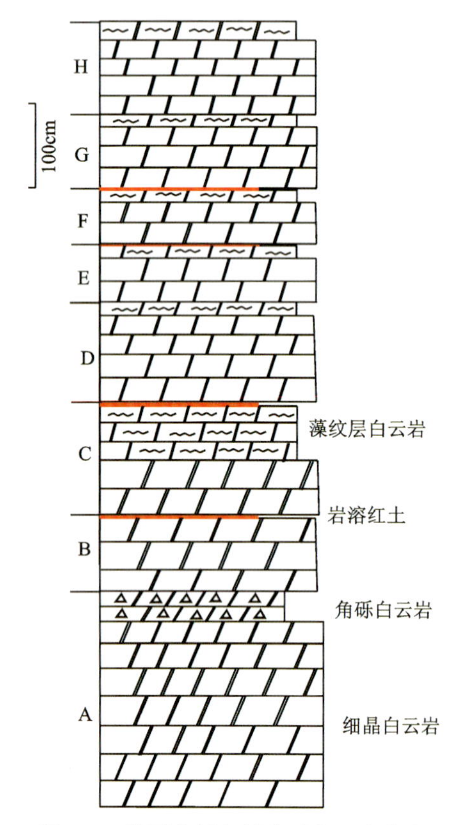

图5-3　黄石市汪仁镇寒武纪—奥陶纪娄山关组($\in_{3\text{-}4}l$)基本层序

图5-4　黄石市汪仁镇寒武纪娄山关组($\in_{3\text{-}4}l$)藻纹层白云岩

2)层序地层

上述的基本层序相当于层序地层中向上变浅的进积型副层序，部分古岩溶红土层可作为古暴露标志，是确定层序界面的重要标志。该套沉积总体上属海退期的高水位体系域（HST）。

实习教学点 2

教学目的：(1)了解岩体与地层之间的侵入接触关系。

　　　　　(2)掌握侵入接触关系的描述方法。

点位：汪仁镇东采坑内。

GPS：E115°08′24.08″，N30°09′14.79″，62.1m。

点性：闪长玢岩(δμ)/寒武纪娄山关组($\in_{3\text{-}4}l$)界线点。

描述：点西为寒武纪娄山关组($\in_{3\text{-}4}l$)灰白色、浅灰色中—巨厚层细晶白云岩夹深灰色藻纹层细晶白云岩。细晶白云岩单层厚40～220cm，藻纹层白云岩中发育毫米级的藻纹层。地层产状：S_0　172°∠84°。

点东为闪长玢岩(δμ)灰绿色闪长玢岩，未见斑晶，基质隐晶质。脉状，宽120～130cm。二者为侵入接触关系。

主要教学内容

1)岩体与地层之间的侵入接触关系

闪长玢岩脉与娄山关组为侵入接触，岩脉边缘具冷凝边，白云岩边缘具烘烤边(图5-5、图5-6)，脉的走向与地层走向斜交，与娄山关组中的主要节理的走向一致。区域资料表明该闪长玢岩脉是燕山运动的产物，时代为白垩纪。

2)方解石脉与地层之间的侵入接触关系

娄山关组中发育大量方解石脉，这些脉多顺断裂、节理及层面分布，是后期碳酸钙溶液顺这些裂隙充填形成的产物，与围岩也为侵入接触(图5-5，图5-7)，其产状代表了层面、断裂或节理。图5-7中娄山关组中发育一条较长的方解石脉，脉宽30～40cm，其走向与地层走向斜交，该方解石脉代表了一条断层，是碳酸钙溶液顺断层破碎带及断面裂隙充填所致。

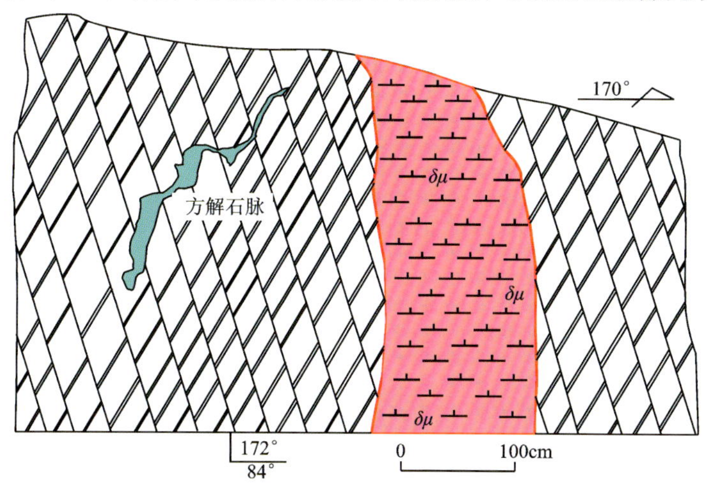

图5-5　黄石市汪仁镇闪长玢岩(δμ)/寒武纪娄山关组($\in_{3\text{-}4}l$)接触关系

图 5-6　娄山关组($\in_{3-4}l$)与闪长玢岩($\delta\mu$)侵入接触

图 5-7　娄山关组($\in_{3-4}l$)中的方解石脉

实习教学点 3

教学目的:(1)了解层序地层中的层序界面。

(2)掌握层序界面的描述方法。

(3)了解层序地层中不同体系域的特征差异。

点位:汪仁镇东采坑内。

GPS:E115°08′17.75″,N30°09′13.45″,63.9m。

点性:寒武纪娄山关组($\in_{3-4}l$)层序界面观察点。

描述:点南为寒武纪娄山关组($\in_{3-4}l$)灰白色、浅灰色中—巨厚层细晶白云岩夹深灰色藻纹层细晶白云岩。细晶白云岩单层厚 40～220cm,藻纹层白云岩中发育毫米级的藻纹层。地层产状:S_0　358°∠82°。

点北为寒武纪娄山关组($\in_{3-4}l$)灰色、灰黄色硅质白云岩,方解石脉、石英脉发育,发育大量的孔洞。厚 40～220cm,起伏不平,为一古岩溶层(图 5-8)。该古岩溶层是顺原来的古暴露面或古岩溶层进一步发展形成,由于存在大量的孔隙,后期燕山运动产生的大量含硅流体就充填在这些孔隙中。

主要教学内容

1)层序界面

在层序地层中,该古岩溶层代表了古暴露,是古暴露导致形成了岩溶,形成了岩溶角砾岩和岩溶红土,由于侵蚀作用的不均一性,致其顶部起伏不平。该古岩溶层是当时海平面下降最低时的产物,其顶界即为一层序界面(SB)。

2)体系域特征

该层序界面之上为海侵体系域(TST),岩石多为深灰色中—厚层细晶白云岩(图5-8),表明有机质相对较高,具有向上变薄的退积型的副层序,代表了海侵;而该岩溶层之下为高水位体系域(HST),为灰白色厚—巨厚层细晶白云岩(图5-8),发育向上变厚的进积型副层序,有机质含量极低,代表了海退。

图5-8　黄石市汪仁镇娄山关组($\in_{3\text{-}4}l$)古岩溶层(红线所限区域)

实习教学点4

教学目的:(1)了解大湾组地层序列及岩石地层与特征。

(2)熟悉采集化石的基本方法,掌握生物地层带建立的基本程序。

点位:位于黄石市养老院(新建)南侧下路旁。

GPS:E115°07′31.32″,N30°09′09.11″,42m。

点性:奥陶纪大湾组岩性观察及化石采集点。

描述:点处为奥陶纪大湾组($O_{1\text{-}2}d$)灰黄色厚层瘤状泥质灰岩夹灰黄色含灰岩透镜体钙质泥岩,瘤状泥质灰岩单层厚60～80cm,“瘤”含量30%～35%,长椭圆形,一般长2～3cm,宽0.8～1.6cm,岩性为浅灰色微晶灰岩,排列略有定向,包裹“瘤”的为灰黄色钙质泥岩或泥灰岩,风化后呈泥状。间夹的钙质泥岩层一般厚15～20cm,灰岩透镜体含量8%～10%,特征与瘤状灰岩中的“瘤”类似,钙质泥岩中富产腕足类化石(图5-9),主要为正形贝类的分子,壳体较薄,保存较好,多顺层面分布,主要为实体化石,部分为模铸化石。

地层产状:S_0　9°∠37°。

图 5-9 黄石市汪仁镇黄石市养老院旁奥陶纪大湾组腕足类化石

主要教学内容

1)大湾组岩性、地层结构及基本层序

大湾组主要为两种岩性:瘤状泥质灰岩及钙质泥岩,以瘤状泥质灰岩为主,二者为夹层关系。二者构成一个基本层序,每个基本层序中下部为瘤状泥质灰岩,上部为钙质泥岩,富含腕足类化石。

2)化石采样及野外统计描述

描述化石保存特征,确定化石保存类型,判断是否为原地埋藏。野外进行单位面积内化石数量的统计,确定化石群落中的优势分子,尽可能地采集不同类别的化石分子,收集沉积相标志,对采集的化石进行照相、登记、包装,为室内进行古生物群落的研究奠定基础。

实习教学点 5 及剖面 11

教学目的:(1)了解奥陶纪大湾组、牯牛潭组、宝塔组、临湘组,奥陶纪—志留纪龙马溪组,志留纪新滩组的地层序列及岩石地层特征。

(2)了解各岩石地层单位的基本层序。

(3)了解各岩石地层单位所产古生物化石类型及主要的生物化石带,尤其是笔石化石带,初步掌握野外生物地层的工作方法。

(4)了解龙马溪组下部斑脱岩的地层学意义及其在地质年代确定和事件地层对比中的意义。

(5)熟悉地层剖面测制中对覆盖层的处理方法。

(6)熟悉地层剖面中对层序地层中的层序及体系域的划分方法。

(7)在周口店基础上进一步熟悉地层剖面的实测工作流程和方法。

点位:位于黄石市养老院(新建)西门对面公路旁。

GPS:E115°07′29.75″,N30°09′11.70″,44.2m。

点性:地层剖面起点。

0-1　354°　0°　46m。

0～2.2m,大湾组($O_{1-2}d$):1层,灰黄色中层泥灰岩夹灰色、灰黄色泥岩,泥灰岩单层厚15～40cm,间夹泥岩厚3～8cm,见不很明显的水平层理。基本层序见图5-10A。

1m,B11-1-1(岩石标本),Yx11-1-1(牙形石样品)。

2.2～5m,牯牛潭组(O_2g):2层,青灰色薄—厚层微晶灰岩夹灰白色泥灰岩或钙质泥岩,灰岩单层厚7～80cm,间夹泥岩厚3～15cm。基本层序见图5-10B。

3m,B11-2-1,Yx11-2-1。

5～8.8m,3层,第四系覆盖。

8.8～12.5m,4层,青灰色中—厚层微晶灰岩夹灰黄色泥灰岩,微晶灰岩单层厚40～60cm,间夹泥灰岩厚5～10cm,发育水平层理。

9m,B11-4-1,Yx11-4-1。

12.5～13m,5层,中下部(17cm)为灰黄色瘤状灰岩,上部(6cm)为灰黄色泥岩,见水平层理。

12.6m,B11-5-1,Yx11-5-1。

13～13.7m,6层,灰色、灰黄色中层网纹状微晶灰岩夹灰色泥岩,灰岩单层厚14～23cm,间夹泥岩厚1cm,发育水平层理。

13.2m,B11-6-1,Yx11-6-1。

13m,地层产状:S_0　326°∠65°。

13.7～14.2m,7层,灰黄色微薄层泥灰岩夹灰黄色泥岩,泥灰岩单层厚1～2cm,间夹泥岩厚0.3～0.4cm。

14m,B11-7-1,Yx11-7-1。

14.2～17.9m,8层,青灰色、灰褐色中—厚层瘤状灰岩夹灰色泥灰岩,瘤状灰岩单层厚10～83cm,瘤体一般直径2～3cm,形状不规则,周围为泥质灰岩所包裹,间夹泥灰岩厚3～6cm。见有角石化石,化石保存较好,为原地埋藏。

15m,B11-8-1,Yx11-8-1。

17.9～24.8m,宝塔组(O_2b):9层,灰色中—厚层瘤状灰岩,瘤体含量50%～60%,一般直径2～3cm,形状不规则,周围为泥质灰岩所包裹,排列一般顺层,定向明显。见有角石化石,化石保存较好,为原地埋藏。

19m,B11-9-1,Yx11-9-1。

24.8～26.6m,10层,灰色、灰褐色厚层瘤状灰岩夹灰色微薄层泥质灰岩及泥岩,瘤状灰岩单层厚65～81cm,瘤体含量50%～60%,一般直径2～3cm,形状不规则,周围为泥质灰岩所包裹，排列一般顺层，定向明显。间夹泥灰岩为微薄层，单层厚 1～2cm，泥岩一般厚 1～1.5cm，发育不很明显的水平层理。基本层序见图 5-10C。

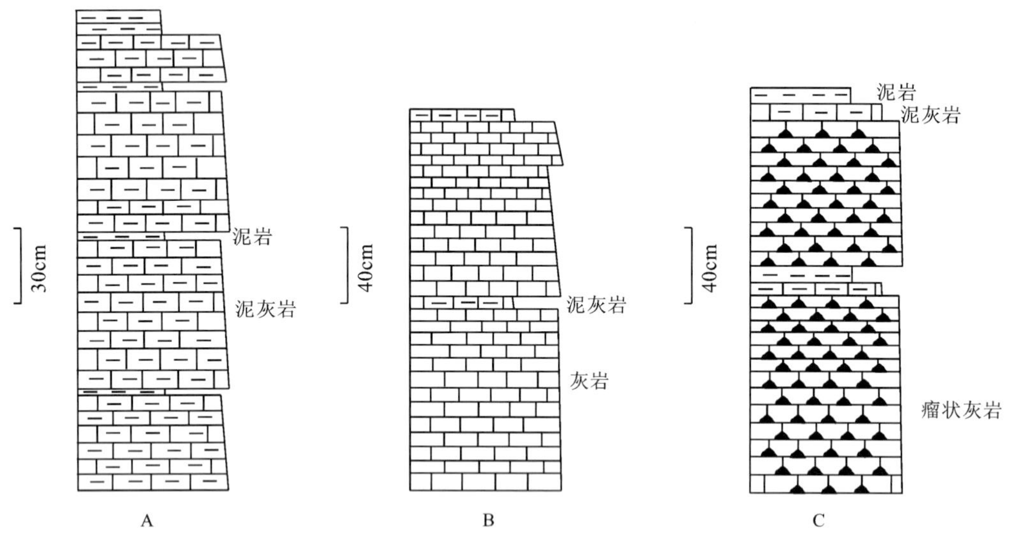

图 5-10　剖面 11 主要层的基本层序（A. 1 层；B. 2 层；C. 10 层）

25m，B11-10-1，Yx11-10-1。

26.6～29m，11 层，主体为灰色巨厚层瘤状灰岩，其上为厚 14cm 的灰色微薄层泥灰岩。瘤状灰岩中瘤体含量 50%～60%，一般直径 2～3cm，形状不规则，周围为泥质灰岩所包裹，排列一般顺层，定向明显。见有角石化石，化石保存较好，为原地埋藏。

27m，B11-11-1，Yx11-11-1。

29～31.3m，12 层，灰色薄—中层网纹状灰岩夹灰色泥岩及微薄层泥质灰岩，网纹状灰岩单层厚 9～40cm，局部泥质含量较高，变至瘤状灰岩。

30m，B11-12-1，Yx11-12-1。

31.3～33m，临湘组（O_3l）：13 层，灰色微薄层泥灰岩夹灰黄色泥岩，微薄层泥灰岩单层厚 1～2cm，间夹泥岩一般厚 0.3～0.6cm。

32m，B11-13-1，Yx11-13-1。

33m，地层产状：S_0　321°∠68°。

33～35.3m，14 层，灰色薄—中层网纹状微晶灰岩夹灰黄色泥岩，网纹状泥晶灰岩单层厚 8～30cm，由较多极细的灰黄色泥岩纹带及纹层包裹微晶灰岩形成一些不规则形的“网”。间夹泥岩一般厚 1～36cm，见不很明显的水平层理。见有角石化石，化石保存较好，为原地埋藏。

34m，B11-14-1，Yx11-14-1。

35.3～36.4m，15 层，灰色厚层网纹状灰岩，风化后为灰黄色，网纹是由较多极细的灰黄色泥岩纹带及纹层包裹微晶灰岩形成一些不规则形的“网”。顶部为灰黄色钙质泥岩。

36m，B11-15-1，Yx11-15-1。

36.4～40m：龙马溪组(O_3S_1l)。

16层，灰色页岩与灰色薄—中层硅质泥岩、硅质岩(原生色应为黑色)互层，硅质泥岩单层厚3～20cm，硅质岩单层厚5～20cm，质地坚硬，水平层理发育，其基本层序见图5-11C。距底约1.2m处见一层厚5～6cm的白色斑脱岩(图5-11B，原岩为凝灰岩)，见少量笔石化石。

15层和16层为整合接触，二者产状一致，未见古风化壳及大的侵蚀面，其界面见图5-11A。

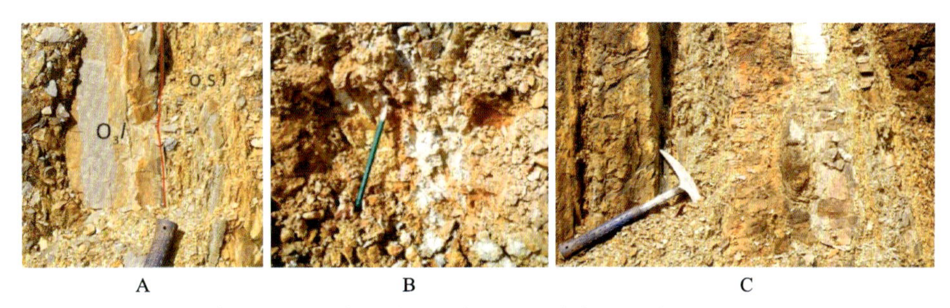

A　　B　　C

图5-11　黄石市汪仁镇黄石市养老院对面龙马溪组底部地层序列及与临湘组的接触关系

A.临湘组与龙马溪组界线；B.龙马溪组16层中斑脱岩；C.16层基本层序

37m，B11-16-1，Hb11-16-1(化石标本)。

40～42.9m，17层，黑色含硅质碳质泥岩及黑色碳质页岩，含硅质碳质泥岩单层厚2～4cm，产大量笔石化石，笔石化石保存较好，为原地埋藏(图5-12)。

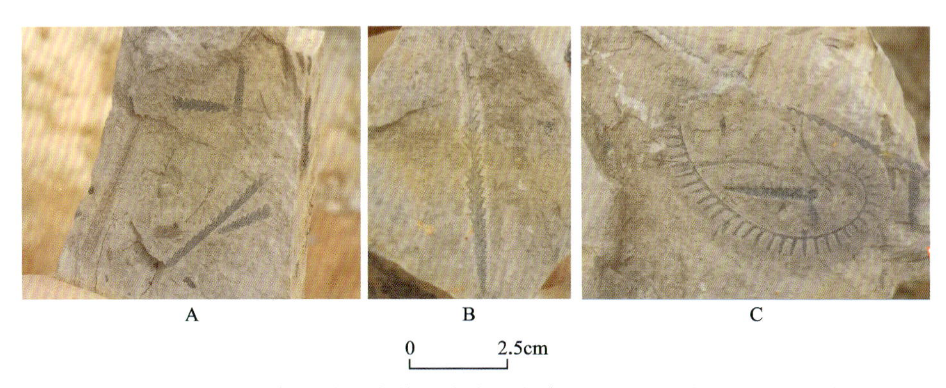

A　　B　　C

0　2.5cm

图5-12　黄石市汪仁镇黄石市养老院附近奥陶纪—志留纪龙马溪组笔石化石

42m，B11-17-1，Hb11-17-1。

42.9～44.1m，18层，灰色薄层硅质泥岩夹灰色泥岩(原生色为黑色)，硅质泥岩单层厚4～6cm，质地坚硬。

43m，B11-18-1，Hb11-18-1。

44.1～46m，19层，灰色、灰白色微薄层—薄层硅质泥岩夹灰色泥岩，硅质泥岩质地坚硬，单层厚1～2cm，顶部为灰色泥岩。产笔石化石。

45m，B11-19-1，Hb11-19-1。

1—2　355°　—1°　34m

0～1.2m,19层,灰色、灰白色微薄层—薄层硅质泥岩夹灰色泥岩,硅质泥岩质地坚硬,单层厚1～2cm,顶部为灰色泥岩。产笔石化石。

1.2～6.3m,20层,灰色薄层硅质碳质泥岩夹灰色泥岩,硅质碳质泥岩单层厚5～6cm,间夹泥岩厚1～2cm,产大量笔石化石,化石保存较好,原地埋藏(图5-12)。

3m,B11-20-1,Hb11-20-1。

6.3～10.6m,21层,灰白色碳质页岩(原生色为黑色)夹少量灰褐色含铁锰质砂岩,砂岩单层厚2～3cm,碳质页岩发育水平层理,产大量笔石化石。

8m,B11-21-1,Hb11-21-1。

10.6～16.7m,22层,灰白色含碳质页岩(原生色为黑色),水平层理发育,产大量笔石化石。

12m,B11-22-1,Hb11-22-1。

16.7～26m,26层,底部为一层厚22cm的灰黄色钙质泥岩,其上为灰白色、灰色碳质泥岩(原生色为黑色),产笔石化石。

22m,B11-23-1,Hb11-23-1。

26～34m,24层,第四系覆盖,东侧黄石市养老院工地可见相当层位为灰黄色、灰绿色泥岩、粉砂质泥岩(推断为早志留世新滩组)。

本剖面主要教学内容

1)奥陶纪大湾组、牯牛潭组、宝塔组、临湘组,奥陶纪—志留纪龙马溪组,志留纪新滩组岩石地层特征,各组之间的划分标志

各组岩性特征见剖面描述及地层柱状图(图5-13),划分依据主要根据岩性、岩性组合的差异,一般划分在岩性发生最大变化的地方。

2)地层实测剖面中层的划分方法

①根据剖面比例尺确定“层”的大致宽度,一般比例尺为1∶500(分层间距平均为5m)、1∶1000(分层间距平均为10m)、1∶2000(分层间距平均为20m)、1∶5000(分层间距平均为50m),部分精度要求高的地层剖面比例尺可以根据具体情况增大,分层平均间距可定为2m、1m或更小;

②在比例尺确定的基础上,根据岩性、岩性组合差异及标志层划分“层”,充分了解“层”的划分依据;

③根据旋回层进行分层,熟悉旋回层的划分意义及划分方法;

④第四系覆盖需要分层,其厚度需要根据下伏地层的产状进行计算,如果岩性未知,在柱状图空出,不填花纹,如3层,如在剖面两侧追溯到了该层,了解了岩性,可在柱状图上表示,如24层(图5-13);

⑤对一些具有事件地层意义的事件层需要分层,如16层中的斑脱岩可以用16-2分出。富含笔石的层位也可以细分,如17层、19层、20层,可细分为17-1、17-2,便于化石样品的编号及化石带的建立。浙江长兴煤山T/P金钉子剖面中的27层细分为27a、27b、27c、27d,正是为了便于化石带的建立及年代地层界线的划分。

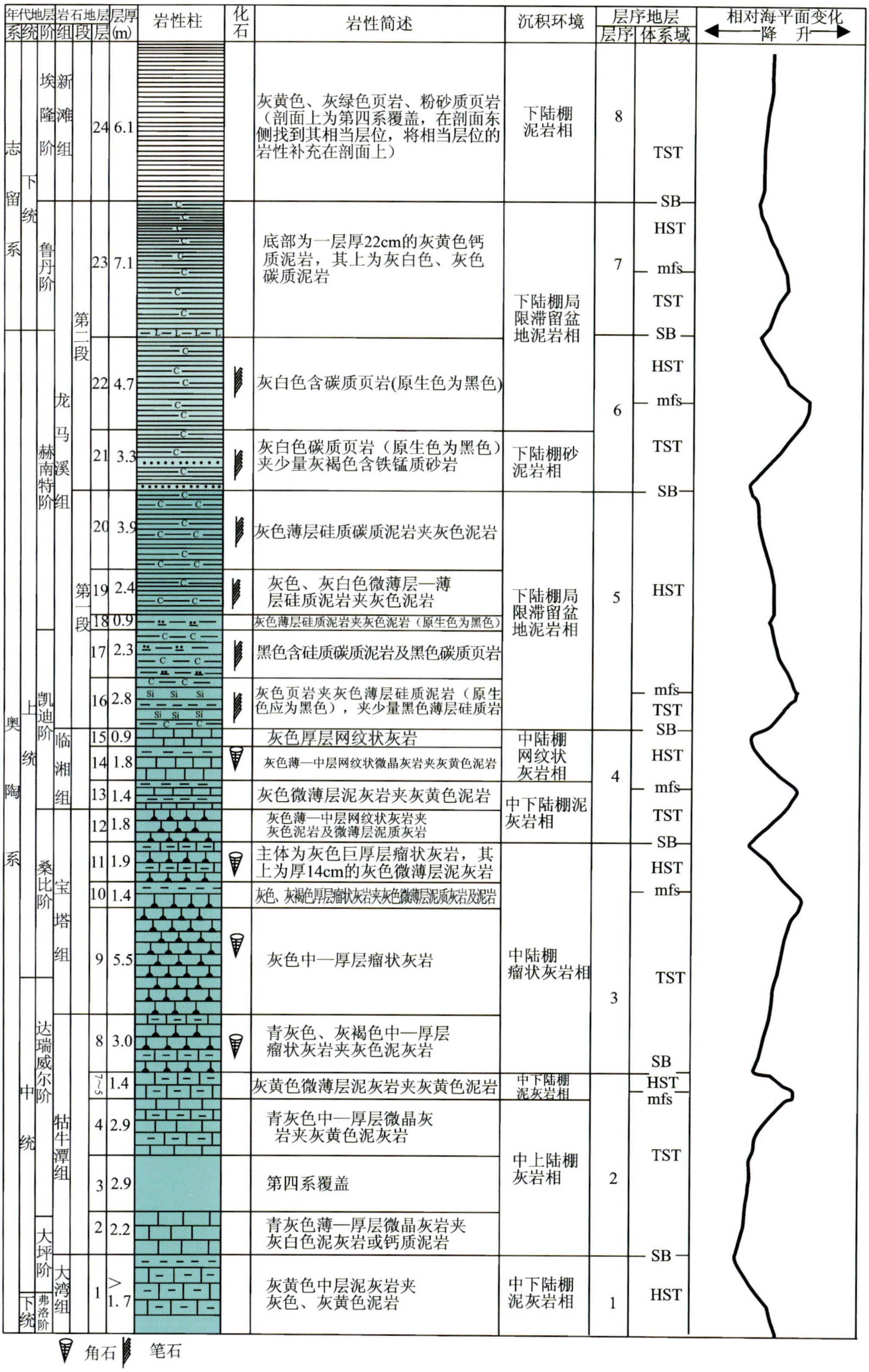

系	统	阶	组	段	层	层厚(m)	化石	岩性简述	沉积环境	层序	体系域
志留系	下统	埃隆阶	新滩组		24	6.1		灰黄色、灰绿色页岩、粉砂质页岩（剖面上为第四系覆盖，在剖面东侧找到其相当层位，将相当层位的岩性补充在剖面上）	下陆棚泥岩相	8	TST
											SB
		鲁丹阶	龙马溪组	第二段	23	7.1		底部为一层厚22cm的灰黄色钙质泥岩，其上为灰白色、灰色碳质泥岩	下陆棚局限滞留盆地泥岩相	7	HST、mfs、TST
											SB
奥陶系	上统	赫南特阶			22	4.7	笔石	灰白色含碳质页岩(原生色为黑色)		6	HST、mfs
					21	3.3	笔石	灰白色碳质页岩（原生色为黑色）夹少量灰褐色含铁锰质砂岩	下陆棚砂泥岩相		TST
											SB
					20	3.9	笔石	灰色薄层硅质碳质泥岩夹灰色泥岩	下陆棚局限滞留盆地泥岩相	5	HST
				第一段	19	2.4	笔石	灰色、灰白色微薄层—薄层硅质泥岩夹灰色泥岩			
					18	0.9		灰色薄层硅质泥岩夹灰色泥岩（原生色为黑色）			
		凯迪阶			17	2.3	笔石	黑色含硅质碳质泥岩及黑色碳质页岩			
					16	2.8	笔石	灰色页岩夹灰色薄层硅质泥岩（原生色应为黑色），夹少量黑色薄层硅质岩			mfs、TST
											SB
			临湘组		15	0.9		灰色厚层网纹状灰岩	中陆棚网纹状灰岩相	4	HST
					14	1.8	角石	灰色薄—中层网纹状微晶灰岩夹灰黄色泥岩			
					13	1.4		灰色微薄层泥灰岩夹灰黄色泥岩	中下陆棚泥灰岩相		mfs
		桑比阶	宝塔组		12	1.8		灰色薄—中层网纹状灰岩夹灰色泥岩及微薄层泥质灰岩			TST
											SB
					11	1.9	角石	主体为灰色巨厚层瘤状灰岩，其上为厚14cm的灰色微薄层泥灰岩	中陆棚瘤状灰岩相	3	HST
					10	1.4		灰色、灰褐色厚层瘤状灰岩夹灰色微薄层泥质灰岩及泥岩			mfs
					9	5.5	角石	灰色中—厚层瘤状灰岩			TST
	中统	达瑞威尔阶			8	3.0	角石	青灰色、灰褐色中—厚层瘤状灰岩夹灰色泥灰岩			
											SB
			牯牛潭组		7~5	1.4		灰黄色微薄层泥灰岩夹灰黄色泥岩	中下陆棚泥灰岩相	2	HST、mfs
					4	2.9		青灰色中—厚层微晶灰岩夹灰黄色泥灰岩	中上陆棚灰岩相		TST
					3	2.9		第四系覆盖			
		大坪阶			2	2.2		青灰色薄—厚层微晶灰岩夹灰白色泥灰岩或钙质泥岩			
											SB
	下统	弗洛阶	大湾组		1	>1.7		灰黄色中层泥灰岩夹灰色、灰黄色泥岩	中下陆棚泥灰岩相	1	HST

相对海平面变化：降 ← → 升

角石　笔石

图 5-13　剖面 11 奥陶纪大湾组—志留纪新滩组地层柱状图

3)基本层序

层与层之间的差别体现在岩性及岩性组合上,岩性组合不同,其基本层序就不相同。因此在剖面测制中,需要调查每一层的基本层序,如1层每一个基本层序主体为泥灰岩,顶部为泥岩,具基本层序向上变薄的趋势(图5-10A);2层中每一个基本层序主体为微晶灰岩,顶部为泥灰岩(图5-10B);8层与10层基本层序类似,每一个基本层序主体为瘤状灰岩,顶部为泥灰岩,具基本层序向上变薄的趋势(图5-10C);龙马溪组16层基本层序见图5-11C,每个基本层序下部为硅质岩,上部为泥岩。学生需要在野外通过实地测量和分析判断,确定每一层的基本层序。

4)龙马溪组笔石带建立的野外工作方法

龙马溪组具多层笔石化石,涉及到晚奥陶世—早志留世的多个笔石带及S/O界线,必须根据化石的分布逐层采集、编号、照相、采用软纸包装,为室内化石鉴定、化石分带及确定S/O界线奠定基础。需要让学生学会采集、包装、编录笔石化石的具体方法,进一步了解笔石生物带的概念及划分方法。

5)事件地层、层序地层及海平面变化

龙马溪组出露有一层或多层斑脱岩(图5-11B),本剖面只出露一层。斑脱岩是火山岩蚀变而成的一种黏土岩,代表了区域性的火山喷发事件,物源来自于其南侧华南洋岛弧带的火山喷发,是一个重要的等时性对比标志。奥陶纪末期全球具有一次明显的冰期事件,在华南地区导致海平面下降,出现了以“观音桥层”为代表的壳相沉积,本剖面未见该类壳相沉积,但可以通过沉积环境判别及海平面变化分析,大致推断冰期事件发生的位置,将其作为一个等时性标志与其他地区进行对比。根据沉积相、海平面变化分析及副层序的变化,进行层序地层划分,划分出层序、饥饿段(CS)、最大海泛面(mfs)、体系域,与其他地区进行对比(图5-13)。

6)奥陶纪—志留纪年代地层界线

S/O界线是根据笔石化石带来确定的,其界线在区域上划在龙马溪组中,与岩石地层单位不一致(图5-13)。让学生进一步认识到多重地层划分,了解年代地层和岩石地层划分的不一致性。

实习教学点5

教学目的:(1)了解志留纪茅山组(S_2m)与坟头组($S_{1-2}f$)的主要岩石、岩石组合特征及划分依据。

(2)了解志留纪茅山组(S_2m)与坟头组($S_{1-2}f$)的接触关系。

(3)了解茅山组(S_2m)红色沉积的事件地层学意义。

点位:位于张家大塘南北向公路东侧山坡上。

GPS:E115°07′15.66″,N30°10′00.15″,75.4m。

点性:茅山组(S_2m)/坟头组($S_{1-2}f$)界线点。

描述:点南东为坟头组($S_{1-2}f$)灰黄色泥岩、粉砂质泥岩夹灰黄色粉砂质纹层,水平层理发育,局部见有水平的潜穴类遗迹化石(图5-14)。产状:S_0 162°∠81°。

图 5-14　黄石市汪仁镇志留纪坟头组上部潜穴类遗迹化石，主要为水平潜穴

点北西为茅山组(S_2m)紫红色粉砂质泥岩夹灰色、灰黄色泥岩、粉砂质泥岩，夹有粉砂质纹层，水平及微波状层理发育，局部夹有较多的平行层面的潜穴，潜穴直径 0.3～0.6cm。见夹有一层发育水流波痕的粉砂岩。产状：S_0　168°∠79°。

主要教学内容

1)坟头组、茅山组划分标志及两组的接触关系

坟头组以泥岩为主体，颜色为灰黄色、黄绿色为特征，而茅山组以发育大量砂岩，夹有大量紫红色泥岩、粉砂岩为特征，通常以紫红色岩性的出现作为茅山组的底界，划分标志清楚。二者为整合接触，产状一致，未见古风化壳及大的侵蚀面(图 5-15)。

图 5-15　黄石市汪仁镇志留纪茅山组与坟头组接触界面

2)标志层

茅山组中红色粉砂岩区域上非常稳定，为区域性的标志层(图 5-16)。

图 5-16 黄石市汪仁镇志留纪茅山组紫红色泥岩、粉砂质泥岩

3)气候事件沉积层

茅山组红层也是志留纪古气候变化的一个重要标志,可作为事件沉积层,用于与四川、鄂西、贵州等地的志留系对比。

实习教学点 6

教学目的:(1)了解志留纪茅山组第一段(S_2m^1)与第二段(S_2m^2)的主要岩石、岩石组合特征及划分依据。

(2)了解志留纪茅山组二段与茅山组第一段的接触关系及地层倒转关系的判别。

(3)了解茅山组第二段岩石地层序列及地层基本层序。

(4)熟悉地层草测剖面图及地层柱状图的制作。

点位:位于张家大塘北公路东侧。

GPS:E115°07′14.93″,N30°10′04.15″,79.6m。

点性:茅山组二段(S_2m^2)/茅山组一段(S_2m^1)界线点。

描述:点南东为茅山组一段(S_2m^1)灰黄色粉砂质泥岩夹灰色薄层粉砂岩,粉砂岩单层2~5cm,发育低角度交错层理。地层产状:S_0 172°∠79°(地层倒转)。

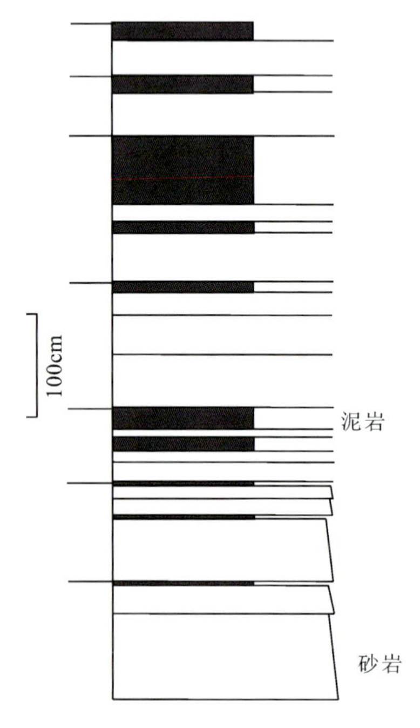

图 5-17 黄石市汪仁镇志留纪茅山组二段基本层序

点北西为茅山组二段(S_2m^2)浅灰色、灰白色薄—厚层细粒长石石英砂岩及灰色薄层粉砂岩及粉砂质泥岩,砂岩单层厚6~80cm,发育楔状交错层理,砂岩多呈楔状体。多

发育向上变细、变薄的基本层序(图 5-17)。地层产状：S_0　174°∠81°(地层倒转)。

主要教学内容

1)地层倒转的判别

地层倒转判别标志主要有：①示顶构造，包括原生的交错层理、递变层理、火焰状构造、波痕、泥裂等，以及后期构造作用形成的层间劈理等；②宏观的地层序列，通过在该点两侧的观察判别，可以初步建立该点附近的地层序列，点南依次由坟头组至茅山组，点北依次由茅山组至泥盆纪五通组，地层显示出由南向北变新的地层序列，故该处的地层产状应为倒转。

2)茅山组一段和二段的划分标志及各段的主要岩性组合特征

茅山组的典型特征是夹有红色沉积层和薄—中层砂岩层，局部以砂岩为主，但垂向上具有明显的变化，可以进行段一级的岩石地层单位划分，一段以泥岩为主，二段以砂岩为主，分界线划在大套砂岩出现的底界。

3)二者接触关系及层序地层

二者为整合接触，中间未缺失地层，产状一致。但二者地层结构不同，基本层序不同。该界面为一地层结构转换面，也为层序界面(SB)，界面之下为高水位体系域(HST)，界面之上为海侵体系域(TST)。

4)基本层序

图 5-17 中所示为茅山组二段基本层序，为向上变薄、变细的基本层序。具两种类型，图 5-18下部每个基本层序下部为中—厚层砂岩，上部为薄—中层砂岩，顶部为泥岩。上部每个基本层序下部为砂岩，上部为泥岩。

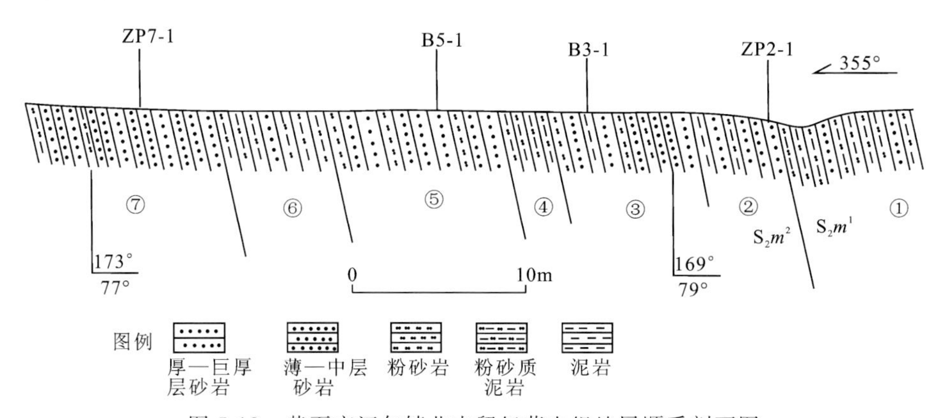

图 5-18　黄石市汪仁镇北志留纪茅山组地层顺手剖面图

5)野外地层顺手剖面图及柱状图的制作

野外地层调查的过程中，需要制作地层顺手剖面图及顺手地层柱状图。地层顺手剖面图中的要素：地形线、方位、线段比例尺、地层单位(组、段或非正式地层单位)界线、层之间的界线、岩体与地层界线、地层与第四纪覆盖层界线、断层及断层破碎带、岩性花纹、产状、岩石、化石等样品位置及编号、照片位置及编号、图例、图名(图 5-18)。岩性花纹的绘制需要按岩石组合来画，需要体现岩层的单层厚及基本层序。地层顺手柱状图的要素：组号、层号、岩性花纹、样品号及照片号、接触关系、线段比例尺、岩性简述(图 5-19)。地层中岩性、岩石组合、单层厚及基本层序都需要在地层剖面图及地层柱状图中显示,柱状图中用岩性花纹及线段宽窄来表示,能更好地表示岩性的差异。

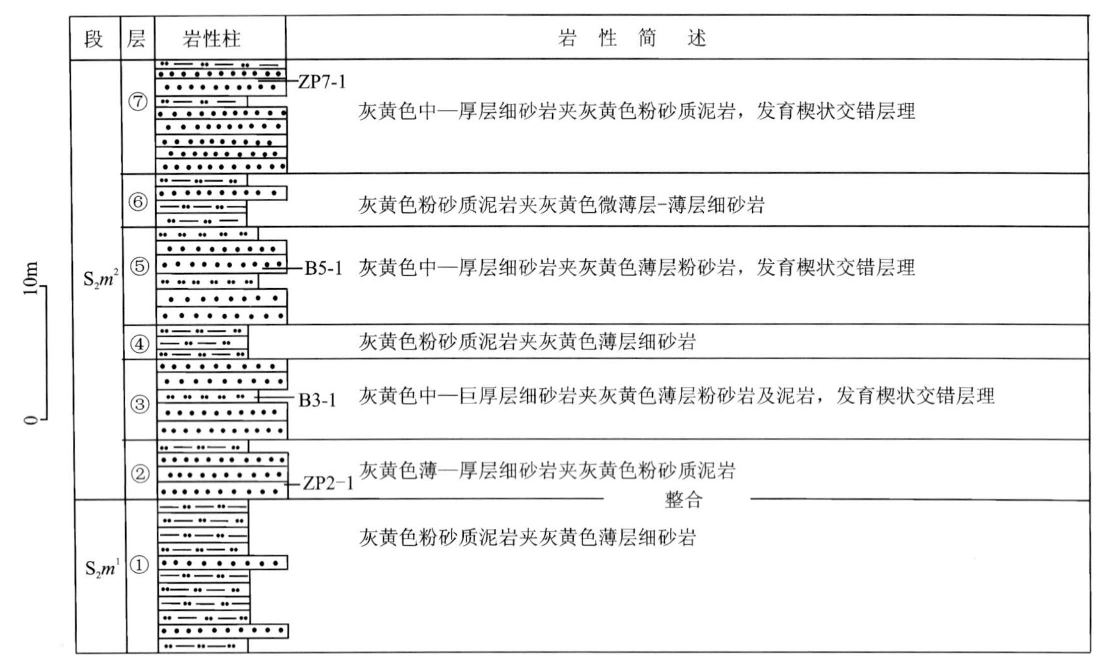

图 5-19 黄石市汪仁镇北志留纪茅山组地层顺手柱状图

实习教学点 7

教学目的:(1)了解泥盆纪五通组(D_3w)与志留纪茅山组(S_2m)的主要岩石、岩石组合特征及划分依据。

(2)了解五通组与茅山组之间的平行不整合接触关系。

(3)了解基本层序的划分方法。

(4)了解层序地层中副层序的划分方法及饥饿段的识别标志。

点位:位于黄石市汪仁镇张家大塘北西采坑西山坡上。

GPS:E115°07′04.99″,N30°10′09.96″,124.6m。

点性:D_3w/S_2m 地层界线点。

该处为泥盆纪五通组(D_3w)与志留纪茅山组(S_2m)界线,其地层序列自上而下描述如下(图 5-20):

五通组(D_3w)

⑦灰白色中—厚层细—中粒石英砂岩夹灰白色薄—中层细砾石英砾岩及灰黄色泥岩 厚>300cm

⑥第四系覆盖 厚约 250cm

⑤灰白色中—厚层含砾中粒石英砂岩夹灰白色中层细—中粒石英砂岩、薄—中层细砾石

英砾岩、灰黄色薄层粉砂质泥岩及泥岩　　厚 350cm

④灰白色中层石英质细—中砾岩，砾石含量 35%，主要为脉石英，砾径 0.3～1cm，次圆状，分选较好，排列略有定向　　厚 10cm

——————————————————平行不整合——————————————————

志留纪茅山组（S_2m）

③砖红色赤铁矿　　厚 5～6cm

②灰黄色薄层粉砂岩　　厚 4～5cm

①灰黄色泥岩夹紫红色粉砂岩条带　　厚＞12cm

图5-20　黄石市汪仁镇北泥盆纪五通组（D_3w）与志留纪茅山组（S_2m）平行不整合接触

主要教学内容

1）五通组与茅山组平行不整合及其地质意义

志留纪茅山组（S_2m）上部主要为灰黄色、紫红色泥岩、粉砂质泥岩，顶部具一层砖红色赤铁矿，属古风化壳性质。泥盆纪五通组（D_3w）总体岩性为灰白色石英砂岩、含砾石英砂岩夹石英质砾岩。二者为平行不整合接触，证据：①缺失大套地层；②产状一致；③具古风化壳；④上下地层沉积相差别很大，茅山组泥岩为陆棚浅海沉积，而五通组石英砂岩为滨海前滨沉积，中间缺失了临滨及过渡带沉积，为沉积上的“跨相”，按瓦尔特相律，二者之间只能是不整合。该不整合面在区域上分布很广，在扬子区表现为平行不整合，而在湘南、粤北等地表现为高角度不整合，湖南雪峰山地区为微角度不整合，均属早古生代加里东运动的产物。

2）基本层序

五通组发育两种基本层序（图 5-21），下部为向上变细的基本层序，每个基本层序下部为薄—中层石英砾岩，上部为中—厚层细—中粒石英砂岩；中部为向上变细、变薄的基本层序，每个基本层序中下部为中—厚层含砾石英砂岩，上部为中层细粒石英砂岩；经过一段覆盖之后，上部（图5-21）的基本层序为向上变厚，每个基本层序中石英砂岩由中层变至厚—巨厚层。向上变细、变薄的基本层序与向上变厚的基本层序之间具一地层间隔（或地层结构转换面），即为图5-21中的灰黄色泥岩。

3）层序地层

①层序界面（SB）：该平行不整合为一层序界面，由于海退幅度大，属Ⅰ型不整合界面；②海侵体系域（TST），该层序界面之上即为海侵体系域，发育向上变薄、变细的退积型副层序（图5-21），海侵体系域之上见一厚7cm的泥岩，水平层理发育，属饥饿段（CS）（图5-22），最大海泛面（mfs）划在中间，最大海泛面之上为高水位体系域（HST），主要为中—巨厚层的石英砂岩。

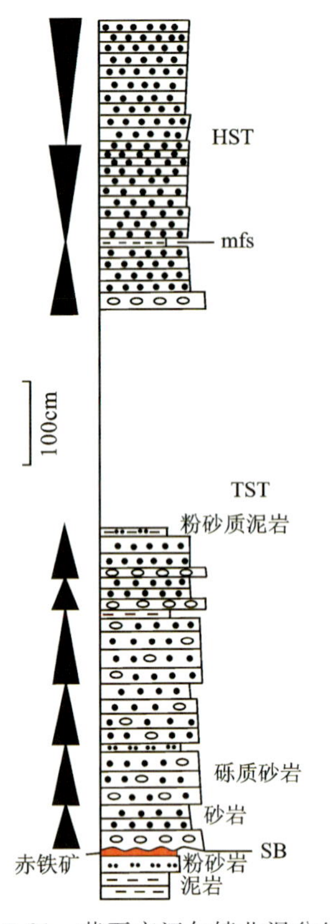

图5-21　黄石市汪仁镇北泥盆纪五通组下部层序地层划分

图5-22　黄石市汪仁镇北泥盆纪五通组下部的灰黄色泥岩，发育水平层理，属饥饿段沉积（CS）

实习教学点8及剖面8

教学目的：（1）了解石炭纪大埔组、黄龙组地层序列及岩石地层特征。

（2）了解石炭纪大埔组与下伏泥盆纪五通组的接触关系。

（3）进一步熟悉实测地层剖面的步骤及程序。

点位：位于黄石市汪仁镇北廖家湾西采坑内。

GPS：E115°07′06.66″，N30°10′12.46″，93.4m。

点性：剖面起点及大埔组与五通组地层大致界线点。

剖面描述：

0—1　330°　9°　22m

0～3m，0 层：第四系覆盖（推断为泥盆纪五通组石英砂岩）。

3～16m，大埔组（C_2d）（图 5-23），1 层（图 5-27 中的 1-1 层）：浅灰色块状角砾状白云岩，角砾含量 30%～40%，形状不规则，直径 2～4cm，基质为细晶白云石。局部为紫红色，方解石脉发育，岩石破碎厉害。

图 5-23　黄石市汪仁镇北大埔组 1～4 层野外岩性特征

A. 1 层的角砾状白云岩；B. 2 层的角砾状白云岩；C. 3 层中发育的方解石脉；D. 4 层的云斑灰岩

3.5m，B08-1-1。

16～21m，2 层（图 5-27 中的 1-2 层）：紫红色、紫灰色块状角砾状白云岩，角砾含量30%～40%，直径 3～5cm，排列无定向，基质为细晶白云石，局部夹有较多的岩溶红土。古岩溶特征明显。方解石脉发育，多顺层分布（图 5-23）。

18m，B08-2-1。

21～22m，3 层（图 5-27 中的 1-3 层）：灰色、紫红色块状细晶白云岩，层理不显，方解石脉发育（图 5-23）。

1—2　322°　—2°　35m

0～7m，3 层：灰色、紫红色块状细晶白云岩，层理不显，方解石脉发育。

3m，B08-3-1。

7～17m，4 层（图 5-27 中的 2 层）：灰色块状云斑灰岩，单层及层理不显，见较多的白云岩斑块，斑块形状不规则，含量15%～20%(图5-23)。

7.5m，B08-4-1。

17～35m，黄龙组(C_2h)，5层：浅灰色块状含生物碎屑白云质微晶灰岩，生物碎屑含量3%～5%，主要为海百合茎、有孔虫，见有可疑的蜓类化石。灰岩表面发育不很明显的刀砍纹。

30m，B08-5-1。

2—3　288°　3°　50m

0～1m，5层：浅灰色块状含生物碎屑白云质微晶灰岩，生物碎屑含量3%～5%，主要为海百合茎、有孔虫，见有可疑的蜓类化石。灰岩表面发育不很明显的刀砍纹。

1～11m，6层：浅灰色块状含砂屑微晶灰岩，砂屑含量5%～10%，层理不显，发育较多的方解石脉。

2m，B08-6-1。

11～27m，7层：底部为灰色薄—中层微晶灰岩夹灰色薄层燧石条带或团块，燧石条带厚3～9cm，团块形状不规则，一般长12～20cm，厚3～6cm，基本层序见图4-24。其上为大套浅灰色块状微晶灰岩。顶部见一古岩溶层。

图5-24　黄石市汪仁镇北黄龙组7层岩性组合及基本层序

24m，B08-7-1。

地层产状：S_0　349°∠59°。

27～31m，8层：灰色块状含生物碎屑砂屑灰岩，层理不显，生物碎屑含量5%～6%，主要为海百合茎、有孔虫。

28m，B08-8-1。

31～42m,9 层:灰色块状微晶灰岩,单层及层理不显,微晶结构。

34m,B08-9-1。

42～46m,10 层:灰色块状含生物碎屑砂屑灰岩,局部夹有灰色颗粒灰岩,单层及层理不显。生物碎屑含量 5%～6%,主要为海百合茎、有孔虫及可疑的䗴类。

43m,B08-10-1(含生物碎屑砂屑灰岩)。

43.3m,B08-10-2(颗粒灰岩)。

46～50m,11 层:灰色块状白云质灰岩,底部为厚约 65cm 的白云岩,白云岩刀砍纹明显。

教学点 9 及剖面 10

教学目的:(1)了解石炭纪大埔组、黄龙组、船山组地层序列及岩石地层特征。

(2)了解石炭纪船山组与上覆栖霞组的接触关系。

(3)了解船山组顶部球粒灰岩的地层学意义。

(4)了解䗴类化石在生物地层、年代地层划分中的意义。

点位:位于廖家湾南东采坑边。

GPS:E115°07′17.48″,N30°10′14.00″,80.02m。

点性:剖面起点。

0—1　337°　3°　18m

0～2m,大埔组(C_2d):

1 层:灰白色块状细晶白云岩(图 5-27 中的 1～3 层),刀砍纹明显,节理发育。

1m,B10-1-1。

2～11m,2 层:灰色块状云斑灰岩,含大量白云岩斑块,斑块含量 40%～50%,形状不规则。

3m,B10-2-1(灰岩)。

6m,B10-2-1(白云岩斑块)。

11～18m,黄龙组(C_2h):

3 层:深灰色块状含生物碎屑砂屑灰岩,生物碎屑含量 6%～8%,主要为海百合茎、有孔虫及可疑的䗴类。

12m,B10-3-1。

1—2　32°　4°　32m

0～4m,3 层:深灰色块状含生物碎屑砂屑灰岩,生物碎屑含量 6%～8%,主要为海百合茎、有孔虫及可疑的䗴类。

4～11.2m,4 层:灰色、深灰色块状生物碎屑亮晶灰岩,单层及层理不显,生物碎屑含量 20%～25%,主要为海百合茎、有孔虫及䗴类。

6m,B10-4-1。

11.2～12.2m,5 层:深灰色、灰黄色生物碎屑砂屑灰岩,生物碎屑含量 15%～20%,主要为海百合茎、有孔虫。

12m，B10-5-1。

12.2m，地层产状：S_0　37°∠83°。

12.2～15.2m，6层：浅灰色块状含生物碎屑砂屑微晶灰岩，夹少量灰黄色生物碎屑砂屑灰岩，含生物碎屑砂屑微晶灰岩中的生物碎屑含量6%～8%，主要为海百合茎、有孔虫、腕足类碎片及可疑的䗴类。

13m，B10-6-1。

15.2～20.1m，7层：深灰色块状含生物碎屑微晶灰岩、微晶灰岩，含生物碎屑微晶灰岩中的生物碎屑含量3%～5%，主要为海百合茎、有孔虫及可疑的䗴类。

17m，B10-7-1，Hb10-7-1(䗴)。

20.1～25.8m，8层：深灰色中—厚层含生物碎屑微晶灰岩夹灰白色薄—中层硅质灰岩，硅质灰岩单层厚6～15cm，顶部为厚30cm的灰色薄层硅质岩。

22m，B10-8-1。

25.8m，地层产状：S_0　343°∠52°。

25.8～32m，9层：灰色、浅灰色中—厚层微晶灰岩、含生物碎屑微晶灰岩夹灰色薄层硅质灰岩，含生物碎屑灰岩中的生物碎屑含量3%～6%，主要为海百合茎、有孔虫及可疑的䗴类。硅质灰岩单层厚8～15cm。

30m，B10-9-1，Hb10-9-1(䗴)。

2—3　332°　16°　22m

0～12m，9层：灰色、浅灰色中—厚层微晶灰岩、含生物碎屑微晶灰岩夹灰色薄层硅质灰岩，含生物碎屑灰岩中的生物碎屑含量3%～6%，主要为海百合茎、有孔虫及可疑的䗴类。硅质灰岩单层厚8～15cm。

12～22m，10层：灰色块状微晶灰岩夹灰白色硅质灰岩团块，硅质灰岩团块形状不规则，一般长20～30cm，厚4～6cm。

15m，B10-10-1。

3—4　342°　7°　50m

0～2.1m，10层：灰色块状微晶灰岩夹灰白色硅质灰岩团块，硅质灰岩团块形状不规则，一般长20～30cm，厚4～6cm。

2.1～13.1m，11层：深灰色块状生物碎屑砂屑灰岩，单层及层理不显，生物碎屑含量20%～25%，主要为海百合茎、有孔虫、腕足类化石碎片及钙藻，含䗴类化石。

6m，B10-11-1，Hb10-11-1(䗴)。

13.1～25.2m，12层：灰白色块状生物碎屑亮晶灰岩及生物碎屑灰岩，生物碎屑亮晶灰岩中的生物碎屑含量25%～40%，生物碎屑灰岩中的生物碎屑含量40%～55%，此外还含有少量砂屑。生物碎屑主要为海百合茎、有孔虫、䗴、腕足类化石碎片及钙藻。

17m，B10-12-1，Hb10-12-1。

25.2～36.3m，13层：浅灰色、灰白色块状含藻凝块生物碎屑砂屑灰岩，藻凝块含量15%～20%，形状不规则，一般直径5～6cm。生物碎屑含量10%～15%，主要为海百合茎、有孔虫、钙藻及少量腕足类化石碎片。

26m,B10-13-1,27m,Hb10-13-1。

36.3～50m,14 层:灰白色、浅灰色块状生物碎屑砂屑亮晶灰岩,单层及层理不显,生物碎屑含量 20%～25%,主要为海百合茎、有孔虫、䗴类、钙藻及腕足类化石碎片。

发育较多的古岩溶形成的岩溶红土、岩溶角砾,方解石脉发育。

41m,B10-14-1,Hb10-14-1(䗴)。

4—5　8°　54°　18.5m

0～2m,14 层:灰白色、浅灰色块状生物碎屑砂屑亮晶灰岩,单层及层理不显,生物碎屑含量 20%～25%,主要为海百合茎、有孔虫、䗴类、钙藻及腕足类化石碎片。

发育较多的古岩溶形成的岩溶红土、岩溶角砾,方解石脉发育。

2～8m,15 层:浅灰色、浅肉红色块状微晶灰岩,单层及层理不显,微晶结构。

4m,B10-15-1。

8～10m,16 层:灰色块状生物碎屑砂屑灰岩,生物碎屑含量 25%～30%,主要为海百合茎、有孔虫、䗴类、钙藻及腕足类化石碎片,砂屑含量 25%～30%,主要为藻屑。

9m,B10-16-1,Hb10-16-1(䗴)。

10～11m,船山组(C_2c)17 层:深灰色中层生物碎屑灰岩夹灰黄色泥岩(图 5-25A),局部以泥岩为主,呈瘤状灰岩。生物碎屑灰岩中生物碎屑含量 45%～55%,主要为海百合茎、䗴类、有孔虫、钙藻及腕足类化石碎片。产较多的䗴类化石。

10.5m,B10-17-1,Hb10-17-1(䗴)。

11～18.5m,18 层:灰色、深灰色块状含生物微晶灰岩,夹有灰色薄层生物碎屑灰岩或透镜体,含生物碎屑微晶灰岩中的生物碎屑含量 2%～25%,主要为海百合茎、有孔虫、䗴类、钙藻及腕足类化石碎片。

13m,B10-18-1,Hb10-18-2。

向西 270°方向平移 35m

5—6　0°　24°　17m

0～0.2m,17 层:深灰色中层生物碎屑灰岩夹灰黄色泥岩,局部以泥岩为主,呈瘤状灰岩。生物碎屑灰岩中生物碎屑含量 45%～55%,主要为海百合茎、䗴类、有孔虫、钙藻及腕足类化石碎片。产较多的䗴类化石。间夹泥岩 1～2cm。生物碎屑含量 5%～8%,主要为海百合茎、有孔虫、介形虫、䗴类、钙藻及腕足类化石碎片。

0.2～8.1m,18 层:灰色、深灰色块状含生物微晶灰岩,夹有灰色薄层生物碎屑灰岩或透镜体,含生物碎屑微晶灰岩中的生物碎屑含量 2%～25%,主要为海百合茎、有孔虫、䗴类、钙藻及腕足类化石碎片。局部夹有深灰色球粒灰岩。

8.1～8.6m,19 层:灰色中层含球粒生物碎屑砂屑灰岩,球粒含量 10%～15%,球粒直径 0.3～0.6cm,圆状—椭圆状,具同心纹层。生物碎屑含量 15%～20%,主要为海百合茎、䗴类、有孔虫、钙藻及腕足类化石碎片。

8.2m,B10-19-1,Hb10-19-1。

8.6～10.7m,20 层:深灰色中层微晶灰岩,微晶结构,层理不显。

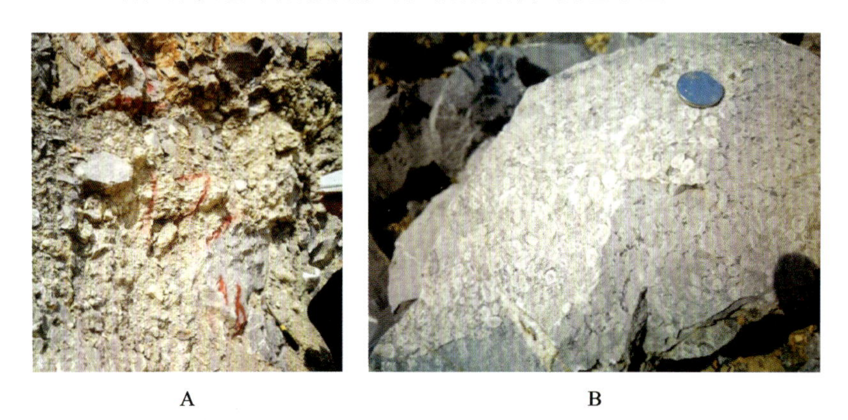

A　　　　B

图 5-25　黄石市汪仁镇北剖面 10 黄龙组与船山组界线(A)及船山组球粒灰岩(B)

8.8m,B10-20-1。

10.7～12.4m,21 层:灰色厚层球粒灰岩,球粒含量 50%～60%,圆状—椭圆状,直径 0.3～0.6m,具有同心纹层,排列无定向(图 5-26B)。

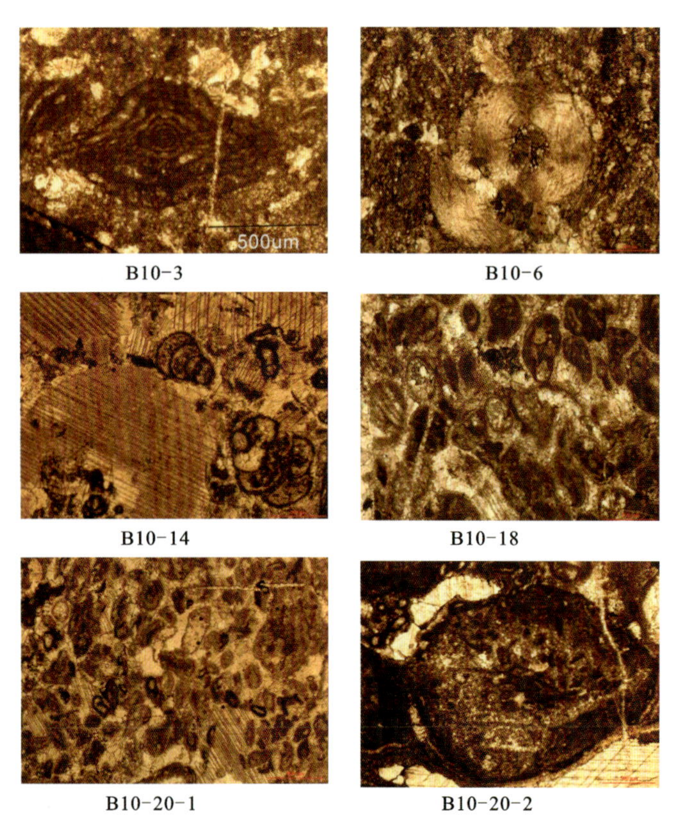

图 5-26　黄石市汪仁镇北剖面 10 岩石镜下岩性及古生物特征

B10-3.蜓类化石;B10-6.海百合茎化石;B10-14.海百合茎及有孔虫化石;
B10-18.藻屑及藻鲕;B10-20-1.藻屑、海百合茎;B10-20-2.海百合茎及球粒

11m,B10-21-1,11.5m,B10-21-2,11.8m,B10-21-3。

12.4m,地层产状:S_0　347°∠51°。

12.4～17m,二叠纪栖霞组(P_2q)。

22层:灰黑色中—厚层含生物碎屑微晶灰岩夹黑色薄层海泡石泥岩,灰岩单层厚10～60cm,间夹海泡石泥岩厚5～8cm,横向厚度变化较大,见有腕足类、海百合茎化石。

剖面8和剖面10主要教学内容

1)石炭系三组及二叠系栖霞组岩性、岩石组合特征及划分标志

大埔组(C_2d)以大套白云岩为特征,岩性为细晶白云岩、角砾状白云岩及云斑灰岩,黄龙组(C_2h)以浅灰色块状灰岩、生物碎屑灰岩夹白云质灰岩为特征,二组的界线划在大套灰岩的底界。船山组(C_2c)以深灰色生物碎屑灰岩及球粒灰岩为特征,且底部具有一层灰黄色泥岩及钙质泥岩作为标志层,故船山组底界划在钙质泥岩或泥岩之底。栖霞组为灰黑色微晶灰岩夹海泡石泥岩,以颜色及夹泥岩与船山组明显区别。石炭系各组岩性特征及定名仅根据野外观察是不够的,需要采集岩石标本在室内进行薄片切制鉴定后才能最终确定(图5-26),因此进行地层学研究时需要采集相应的岩石样品。需要指出的是,石炭纪上述三组碳酸盐岩主要为块状,不同岩性层之间并无明显的自然层面,因此需要在野外通过放大镜仔细观察岩性变化,在此基础上进行分层。

2)标志层

大埔组下部角砾状白云岩、船山组底部的泥岩,船山组中上部的球粒灰岩均为标志层,作为地层划分及对比的依据。

3)接触关系

大埔组与下伏泥盆纪五通组为平行不整合接触,二者产状一致,缺失早石炭世沉积。大埔组与黄龙组为整合接触,未见古风化壳及大的剥蚀面。船山组与上覆二叠纪栖霞组为平行不整合接触,主要依据:①船山组顶部灰岩发育古岩溶构造;②船山组缺失区域上分布的有属早二叠世的 *Pseudoschwagerina* 带及 *Pamirina* 带;③二者产状一致;④见有不明显的属风化壳性质的灰黄色泥岩;⑤二者沉积相差别较大。

4)事件地层

船山组顶部的球粒灰岩为一区域上的标志层(图5-25B、图5-27),在中下扬子地区普遍发育,与晚石炭世全球冰期事件有一定的联系,也可以作为一个冰期事件层进行大区域内的地层对比。

5)生物地层

黄龙组及船山组见有较多的䗴类化石,可以划分出䗴带,从大埔组自下而上可以划分出5个䗴带(图5-27):*Eostaffella* 带、*Pseudostaffella* 带、*Profusulinella* 带、*Fusulina-Fusulinella* 带、*Ttiticites* 带,这些䗴带区域上层位稳定,是划分地方性阶的重要标志,国际上年代地层划分也要考虑䗴类化石,其中 *Eostaffella* 带对应于罗苏阶或巴什基尔阶下部,*Pseudostaffella* 带对应于滑石板阶或巴什基尔阶上部,*Profusulinella* 带对应达拉阶下部或莫斯科阶下部,*Fusulina-Fusulinella* 带对应于达拉阶上部或莫斯科阶上部,*Ttiticites* 带对应于小独山阶或卡西莫夫阶和格舍尔阶。岩石地层单位与生物地层单位及年代地层单位不一致。

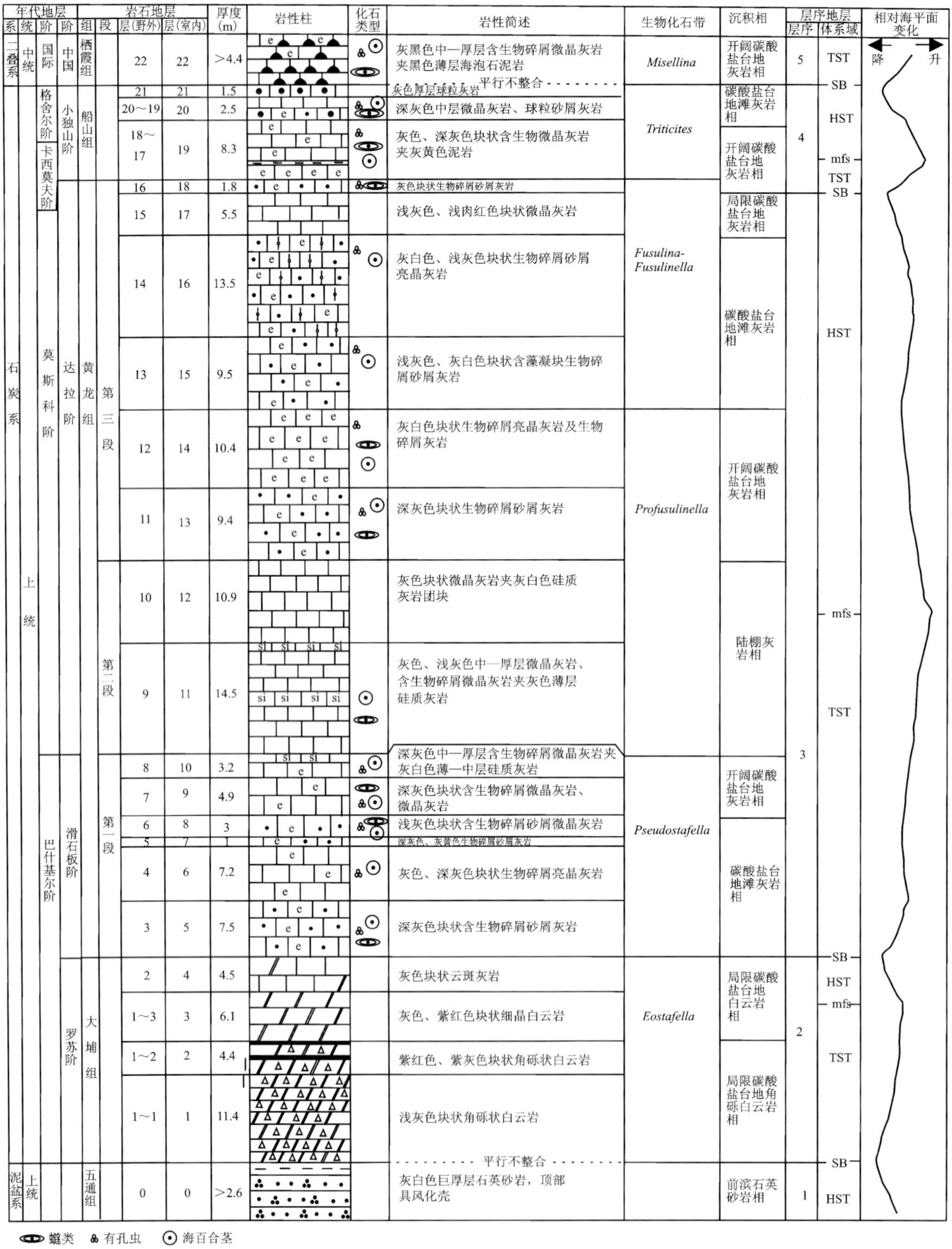

系	统	阶（国际）	阶（中国）	组	段	层(野外)	层(室内)	厚度(m)	化石类型	岩性简述	生物化石带	沉积相	层序	体系域
二叠系	中统	国际	中国	栖霞组		22	22	>4.4	有孔虫、海百合茎、䗴类	灰黑色中—厚层含生物碎屑微晶灰岩夹黑色薄层海泡石泥岩	*Misellina*	开阔碳酸盐台地灰岩相	5	TST
										- - - - - - 平行不整合 - - - - - -				SB
石炭系	上统	格舍尔阶	小独山阶	船山组		21	21	1.5		灰色厚层球粒灰岩	*Triticites*	碳酸盐台地滩灰岩相	4	HST
						20～19	20	2.5	有孔虫、海百合茎、䗴类	深灰色中层微晶灰岩、球粒砂屑灰岩				
		卡西莫夫阶				18～17	19	8.3	有孔虫、䗴类、海百合茎	灰色、深灰色块状含生物微晶灰岩夹灰黄色泥岩		开阔碳酸盐台地灰岩相		mfs / TST
			达拉阶	黄龙组	第三段	16	18	1.8	有孔虫、䗴类	灰色块状生物碎屑砂屑灰岩	*Fusulina-Fusulinella*			
														SB
		莫斯科阶				15	17	5.5		浅灰色、浅肉红色块状微晶灰岩		局限碳酸盐台地灰岩相	3	HST
						14	16	13.5	有孔虫、海百合茎	灰白色、浅灰色块状生物碎屑砂屑亮晶灰岩		碳酸盐台地滩灰岩相		
						13	15	9.5	有孔虫、海百合茎	浅灰色、灰白色块状含藻凝块生物碎屑砂屑灰岩				
						12	14	10.4	有孔虫、䗴类、海百合茎	灰白色块状生物碎屑亮晶灰岩及生物碎屑灰岩	*Profusulinella*	开阔碳酸盐台地灰岩相		
						11	13	9.4	有孔虫、海百合茎、䗴类	深灰色块状生物碎屑砂屑灰岩				
					第二段	10	12	10.9		灰色块状微晶灰岩夹灰白色硅质灰岩团块		陆棚灰岩相		mfs
						9	11	14.5	海百合茎、䗴类	灰色、浅灰色中—厚层微晶灰岩、含生物碎屑微晶灰岩夹灰色薄层硅质灰岩				TST
		巴什基尔阶	滑石板阶		第一段	8	10	3.2	有孔虫、海百合茎	深灰色中—厚层含生物碎屑微晶灰岩夹灰白色薄—中层硅质灰岩	*Pseudostafella*	开阔碳酸盐台地灰岩相		
						7	9	4.9	䗴类、有孔虫、海百合茎	深灰色块状含生物碎屑微晶灰岩、微晶灰岩				
						6	8	3	有孔虫、䗴类、海百合茎	浅灰色块状含生物碎屑砂屑微晶灰岩		碳酸盐台地滩灰岩相		
						5	7	1		深灰色、灰黄色生物碎屑砂屑灰岩				
						4	6	7.2	有孔虫、海百合茎	灰色、深灰色块状生物碎屑亮晶灰岩				
						3	5	7.5	有孔虫、海百合茎、䗴类	深灰色块状含生物碎屑砂屑灰岩				
														SB
			罗苏阶	大埔组		2	4	4.5		灰色块状云斑灰岩	*Eostafella*	局限碳酸盐台地白云岩相	2	HST
						1～3	3	6.1		灰色、紫红色块状细晶白云岩				mfs
						1～2	2	4.4		紫红色、紫灰色块状角砾状白云岩		局限碳酸盐台地角砾白云岩相		TST
						1～1	1	11.4		浅灰色块状角砾状白云岩				
										- - - - - - 平行不整合 - - - - - -				SB
泥盆系	上统			五通组		0	0	>2.6		灰白色巨厚层石英砂岩，顶部具风化壳		前滨石英砂岩相	1	HST

相对海平面变化：降 ← → 升

图例：䗴类　有孔虫　海百合茎

图 5-27　黄石市汪仁镇北剖面 8 和剖面 10 地层柱状图

（1-1、1-2、1-3 对应于剖面 8 的 1、2、3 层，其上对应于剖面 10 的各层）

6)剖面中层序地层工作方法

(1)层序界面:剖面中具有几个不整合面,包括 C_2d/D_3w、P_2q/C_2c,这些不整合均是层序界面。此外,C_2h/C_2d 界面、黄龙组顶部15层与16层界面上下岩性突变,均为一地层结构转换面,也属层序界面。

(2)饥饿段(CS)及最大海泛面:船山组的泥岩、黄龙组中的硅质岩层均是当时海侵规模最大时形成的沉积,可作为最大海泛面的划分标志。

(3)体系域及相对海平面变化:在层序界面、最大海泛面确定的基础上,对地层进行副层序及沉积相分析,划分体系域,进而了解相对海平面变化规律(图5-27)。

实习教学点10

教学目的:(1)了解二叠纪栖霞组下部岩石地层特征。

(2)了解栖霞组下部基本层序特征。

(3)层序地层中海侵体系域的识别。

(4)了解栖霞组中的菊花石标志层。

点位:位于黄石市黄思湾隧道南出口西采场内。

GPS:E115°07′25.22″,N30°10′31.99″,108.2m。

点性:栖霞组(P_2q)岩性及基本层序观察点。

描述:点处为二叠纪栖霞组(P_2q)灰黑色薄—厚层含生物碎屑微晶灰岩夹灰黑色海泡石泥岩,灰岩单层厚9~80cm,生物碎屑含量6%~8%,主要为海百合茎、有孔虫、腕足类。层理不显,单层横向上厚度变化较大。间夹泥岩厚0.5~8cm,发育不很明显的水平层理。地层产状:S_0　15°∠21°。

主要教学内容

1)栖霞组下部岩石地层特征

(1)颜色:由于含有大量有机质,颜色主要为灰黑色或深灰色,与下伏船山组及上覆茅口组明显区别;

(2)海泡石泥岩:夹有大量海泡石泥岩,局部泥岩较多,灰岩呈瘤状或透镜状。海泡石为海相自生黏土矿物,其大量发育说明当时陆源物质供应较少,海平面上升加快。

2)基本层序

发育向上变薄、泥质含量增多的基本层序,每一个基本层序下部为中—厚层微晶灰岩,上部为薄层微晶灰岩夹海泡石泥岩(图5-28)。

3)层序地层

上述基本层序相当于层序地层中的退积型副层序,是海侵期海平面不断上升时的沉积。就体系域而言,属海侵体系域(TST)。海侵体系域的特征主要有:①退积型副层序;②颜色深,有机质含量高;③沉积相分析揭示其为海水不断变深的沉积序列。

4)标志层

栖霞组下部发育一层含有菊花石的标志层,该层厚30~40cm,菊花石一般直径8~

10cm,由放射状的六水碳钙石矿物晶体组成。该层在区域上分布稳定,是其成因与当时特定的环境有密切的关系,可作为区域上的标志层,在地层对比中具有重要意义(图 5-29)。

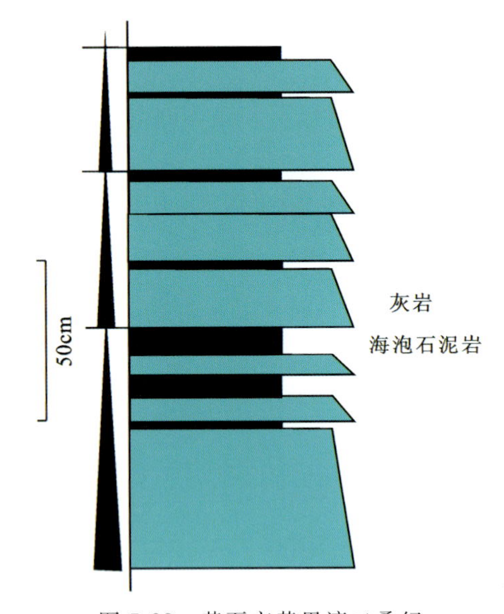

图 5-28　黄石市黄思湾二叠纪栖霞组下部向上变薄的基本层序

图 5-29　黄石市黄思湾二叠纪栖霞组菊花石

实习教学点 11

教学目的:(1)了解二叠纪栖霞组中部岩石地层特征。

(2)了解栖霞组四射珊瑚化石保存特征及采集描述方法。

(3)了解栖霞组四射珊瑚生物带的建立程序。

(4)海侵体系域及高水位体系域的判别。

点位:位于黄石市黄思湾隧道南出口西采坑内。

GPS:E115°07′24.60″,N30°10′33.60″,137.2m。

点性:栖霞组(P_2q)岩性观察及珊瑚化石采集点。

描述:点处为栖霞组(P_2q)深灰色中—厚层含生屑微晶灰岩,夹大量黑色燧石团块,燧石团块一般厚 5～6cm,长 10～15cm,形状不规则,排列略呈层状。灰岩单层厚 30～80cm,产大量块状复体四射珊瑚,复体一般长 10～20cm,宽 7～8cm。放大镜下可见隔壁、间壁及复中柱构造,初步鉴定为 *Polythecalis*(多壁珊瑚)(图 5-30、图 5-31)。

与块状复体四射珊瑚共生的少量丛状复体四射珊瑚及腹足类(图 5-32)化石。地层产状:S_0　12°∠25°。

主要教学内容

1)栖霞组中部岩石地层特征

深灰色中—厚层含生物碎屑微晶灰岩,含大量燧石团块,缺乏或含极少的海泡石泥岩。

图 5-30　黄石市黄思湾二叠纪栖霞组中部块状复体四射珊瑚

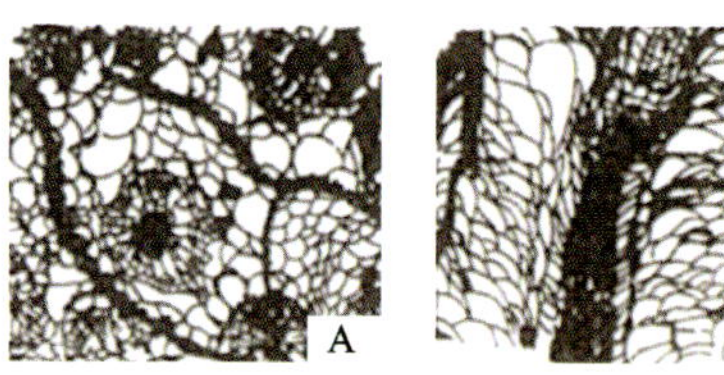

图 5-31　黄石市黄思湾二叠纪栖霞组中部块状复体四射珊瑚

上.野外;下.镜下;A.横切面;B.纵切面

A

B

图 5-32　黄石市黄思湾二叠纪栖霞组中部与块状复体珊瑚共生的生物化石

A.丛状复体四射珊瑚;B.腹足类化石

2)珊瑚化石的识别

复体四射珊瑚化石颜色与围岩有较大差别,呈块状,其内部构造需要浇水后在放大镜下才能看到,其构造包括隔壁、横板、泡沫板及轴部构造(图 5-31 下)。

3)生物地层及生态地层

Polythecalis(多壁珊瑚)在华南地区很常见,层位比较稳定,具有较好的生物地层意义,前人建立了 *Polythecalis* 带用于华南地区二叠纪生物地层对比。此外,*Polythecalis* 这类块状复体四射珊瑚属造礁珊瑚,具有重要的古环境意义,以此为特征分子可以建立古群落,进而进行生态地层划分对比。与生物地层工作不同的是,生态地层工作中需要详细调查包括 *Polythecalis* 的群落内的所有分子、优势分子、分异度、优势度、能量流及沉积环境。

4)采集化石的方法

块状复体四射珊瑚化石的采集准备:大锤、钢钎、地质锤、记号笔、包装纸,采集化石,记下最早出现的位置和最后消亡的位置。

5)层序地层

与栖霞组下部海侵期的海侵体系域(TST)相比,栖霞组中部岩层全为中—厚层,颜色变浅,大量块状复体四射珊瑚的出现表明海水变浅,应属海退期的高水位体系域(HST)。

实习教学点 12

教学目的:(1)了解大隆组和大冶组岩石地层特征及划分依据。

(2)了解两组之交的事件黏土层。

(3)了解两组的基本层序。

(4)了解大隆组层序地层特征。

(5)了解事件地层工作的基本方法。

点位:位于黄石市黄思湾隧道南出口西侧山坡上。

GPS:E115°07′42.52″,N30°10′29.32″,84m。

点性:大冶组第一段(T_1d^1)/大隆组(P_3d)地层界线点。

描述:点南为大隆组(P_3d)上部黑色薄—中层硅质岩夹黑色薄层碳质泥岩及硅质泥岩,硅质岩单层厚0.5~13cm,水平层理发育。地层产状:S_0 346°∠29°。大隆组(P_3d)顶部为灰黑色硅质泥岩夹少量灰黄色泥灰岩透镜体,泥灰岩透镜体大小为30×15cm,形状不规则(图5-34、图5-35)。

点北为大冶组第一段(T_1d^1)深灰色、灰黑色泥岩夹灰黄色薄—中层泥灰岩,泥灰岩单层厚6~20cm,发育水平层理,泥岩水平层理发育,风化破碎厉害(图5-36)。

二者为整合接触,产状一致,未见地层缺失(图5-37)。

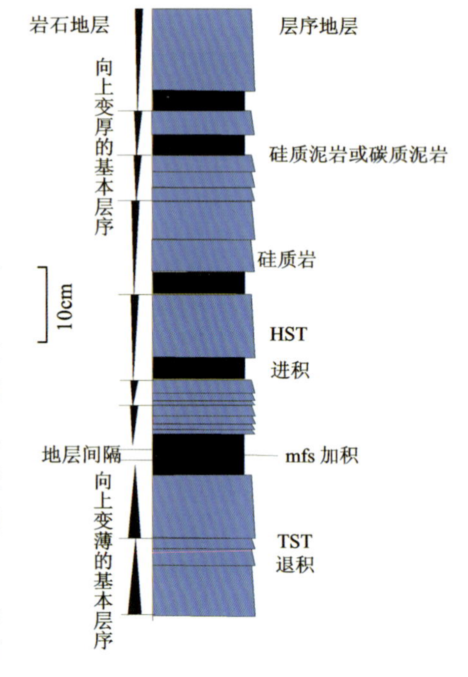

图5-33 黄石市黄思湾隧道旁二叠纪大隆组基本层序

主要教学内容

1)大隆组及大冶组第一段岩性、岩性组合特征,以及两组划分依据

大隆组以硅质岩为特征,大冶组第一段以泥岩、泥灰岩为特征,二者构成明显的差别,二组界线划在大冶组底部一层白色黏土岩之底(图5-36)。

2)基本层序特征

大隆组发育向上变薄及向上变厚的基本层序。如图5-33、图5-34所示,下部为向上变薄的基本层序(图5-33),每个基本层序内向上硅质岩单层变薄,或由硅质岩变为碳质泥岩或硅质泥岩,代表了海水加深或沉积速率变小的沉积趋势。上部则为向上变厚的基本层序(图5-34),每个基本层序之间为一决然的突变面,每个基本层序内部岩性及单层厚度变化是渐变的,其中下部为硅质泥岩或碳质泥岩向上变至薄层硅质岩,再至中层硅质岩,向上泥岩减少,硅质岩增厚,代表海水变浅或沉积速率变大。两类基本层序之间具一地层间隔,地层间隔岩性为厚度相对较大的硅质泥岩，水平层理发育，代表当时海平面上升到最高时期的沉积。大冶组第一段泥灰岩与泥岩构成明显的基本层序，每个基本层序下部为泥岩，上部为泥灰岩（图 5-35），具向上泥灰岩增多、增厚，泥岩减少、海水相对变浅的演替趋势。

图 5-34　黄石市黄思湾大隆组向上变厚的基本层序

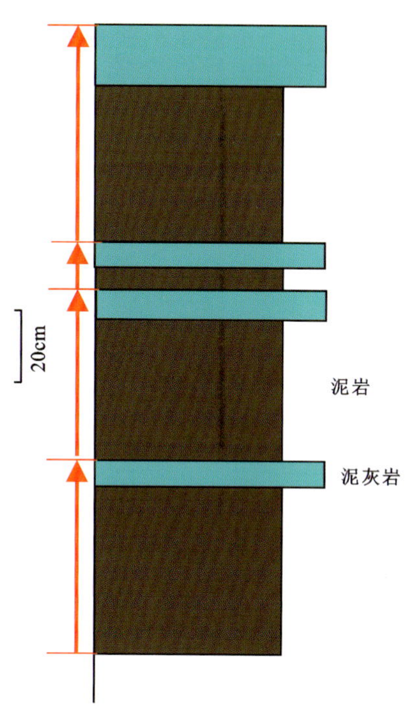

图 5-35　黄石市黄思湾隧道南出口大冶组第一段基本层序

3）层序地层学特征

图 5-33 中可以看出，向上变薄的基本层序相当于层序地层中的退积型副层序，代表了海侵期的海侵体系域（TST），向上变厚的基本层序相当于层序地层中的进积型副层序，代表海退期的高水位体系域（HST），二者之间的地层间隔相当于层序地层中的饥饿段（CS），最大海泛面（mfs）位于其中，是当时海平面上升到最大期时，沉积空间加大、沉积速率变小时的沉积。

4）标志层、事件地层

大冶组与大隆组之间发育一层白色黏土岩，厚 5～6cm（图 5-36），该黏土层为一事件沉积，主要为凝灰质，代表当时区域上的火山喷发，与二叠纪三叠纪之交的生物绝灭有一定的关系。该黏土层在华南地区分布稳定，可作为岩石地层中的标志层，作为划分大隆组与大冶组的一个标志。此外，该黏土层具有等时性意义，能作为一个重要的事件地层界线，进行一定区域范围内的年代地层对比。

5）T/P 界线

T/P 界线是以牙形石化石 *Hindeodus parvus* 的出现作为三叠系的底界，该界线在浙江长兴煤山“金钉子”剖面上划在长兴组之上的殷坑组内。而在黄石地区，T/P 界线划在大冶组第一段下部（图 5-36），并非大隆组与大冶组之间，由此可以看出，由于划分标志不同，年代地层界线和岩石地层界线不一致。

图 5-36 黄石市黄思湾隧道南出口山坡三叠纪大冶组与二叠纪大隆组接触关系

（中间夹一层厚 5cm 的白色黏土岩）

6）化学地层学、分子地层学、事件地层学的主要工作方法

浙江长兴煤山三叠纪/二叠纪“金钉子”剖面是化学地层学、分子地层学、事件地层学等研究的一个最好的实例（图 5-37）。①化学地层学：通过研究 T/P 界线附近稳定碳氧同位素、有机碳含量（TOC）及其他地球化学值的变化，确定界线附近或生物绝灭线附近生物量、氧化还原环境、古气候、古水温的变化及天外事件、火山事件；②分子地层学：通过研究分子化石或生物标志化合物，研究 T/P 界线附近生物组成或生物圈特征，进而确定生物演替及绝灭规律，图 5-37 中所示为 T/P 界线附近异海绵烯、二戊烯等生物大分子变化所反映的生物圈的变化，以及生物标志化合物所反映的陆源物质的补给情况；③事件地层学：事件地层学研究主要是收集具有等时性意义的地质事件留下的证据，这些证据包括生物绝灭事件中生物化石类别在垂向上的分布规律及分异度（图 5-37），以及蓝藻的变化规律；与绝灭事件有关的一些生物的个体大小变化，如二叠纪三叠纪之交牙形石就有明显的个体小型化现象（图 5-37）；火山灰所反映的火山喷发期次、特征；根据沉积物中草莓状黄铁矿及相关地球化学指标所确定的氧化还原特征；层序地层及所揭示的海平面变化等，通过对这些特征垂向变化的分析，进一步确定生物绝灭事件的形成原因，从而进行全球性的地层对比。需要指出的是，在研究这些标志的变化规律时，需要精细的年代地层序列及地质年代，如图中的牙形石带及地质测年结果。正是有这样精细的年代地层序列，才能够将上述的变化规律进行大区域甚至全球性的对比，从而得出古气候、古环境及生物的变化规律。

实习教学点 13

教学目的：(1)了解大冶组一段（T_1d^1）中部岩石地层特征。

(2)熟悉不同类型基本层序的识别。

(3)层序地层相关概念，包括海侵体系域、高水位体系域及不同类型的副层序在野外的判别及分析方法。

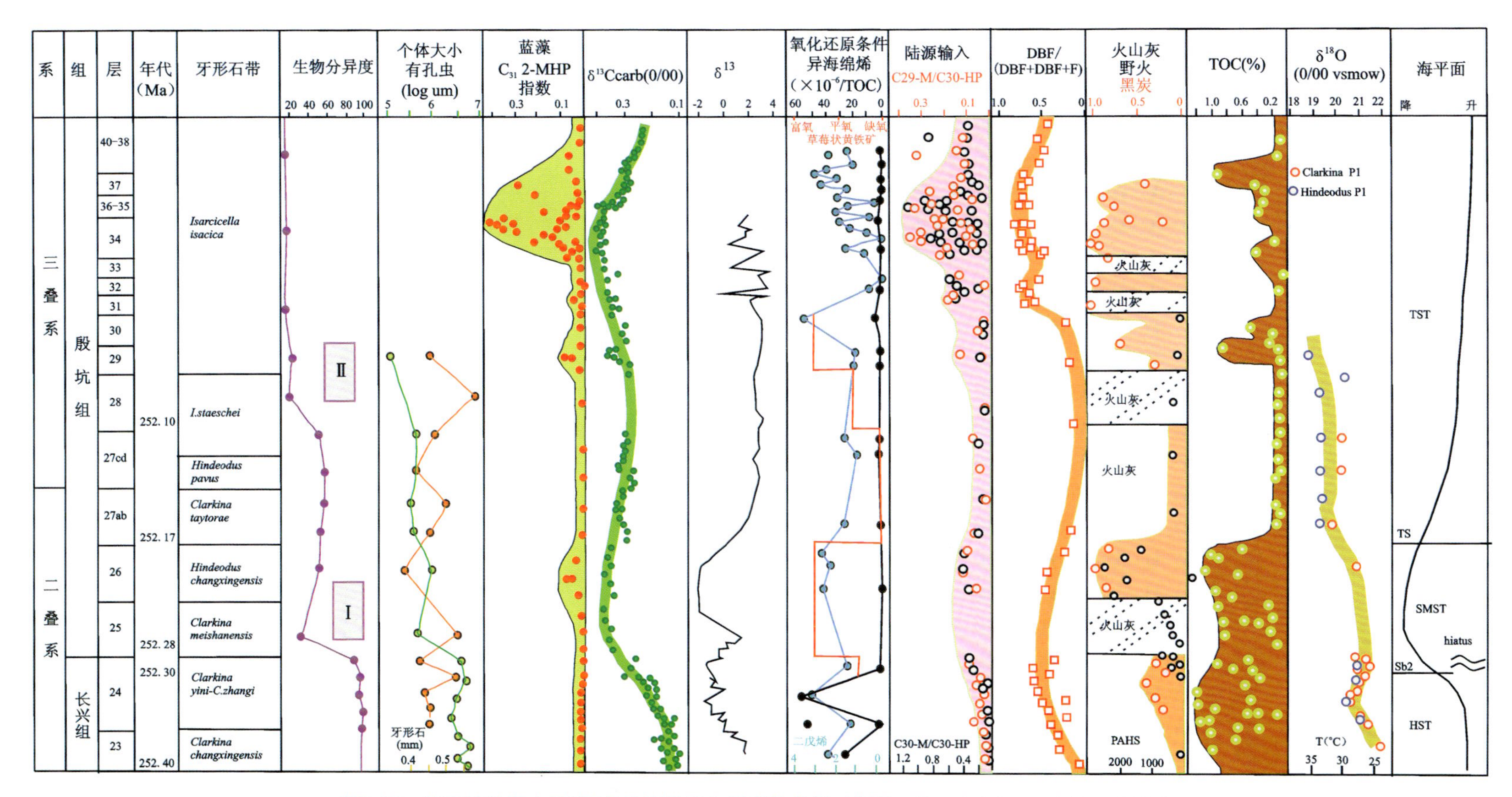

图5-37　浙江长兴煤山剖面T/P界线附近主要事件地层（据Yin Hongfu & Song Haijun, 2013）

(4)了解层序地层与相对海平面变化的关系。

(5)了解旋回地层概念及旋回的替代指标。

点位:黄石市黄思湾隧道南出口山坡上。

GPS:E115°07′48.70″,N30°10′31.19″,99.1m。

点性:大冶组第一段(T_1d^1)中部岩性、基本层序及层序地层观察点。

描述:点处为大冶组第一段((T_1d^1)中部灰黄色薄层泥灰岩夹灰色、灰黄色泥岩或二者互层,泥灰岩单层厚3～10cm,发育水平层理,泥岩为灰色,风化后多呈灰黄色,见不很明显的水平层理。地层产状:S_0 346°∠33°。

主要教学内容

1)基本层序特征

本段发育明显的基本层序,下部为向上变薄的基本层序,各基本层序间为决然突变,每一个基本层序下部为泥灰岩,泥灰岩向上单层厚度变薄,基本层序上部为泥岩(图5-38),代表海水不断加深、海侵的沉积过程。该类基本层序之上为一厚20cm的泥岩,水平层理发育,属地层间隔,是海平面上升到最高时的沉积。其上的基本层序为向上变厚型,每个基本层序下部为泥岩,上部为泥灰岩,泥灰岩具有向上单层厚度增大的趋势,代表了海平面不断下降、海退的沉积过程。图5-39上部向上变厚的基本层序之上又发育向上变薄、变细的基本层序,二者之间的地层间隔为一厚度较大的泥灰岩,代表了又一次的海侵过程。

图5-38 黄石市黄思湾隧道南出口山坡大冶组第一段中部向上变薄的基本层序

2)层序地层

点处基本层序与层序地层中的副层序基本一致,图5-39下部向上变薄的基本层序相当于层序地层中的退积型副层序,是海侵体系域(TST)的沉积(图5-39)。其上向上变厚的基本层序相当于层序地层中的进积型副层序,是高水位体系域(HST)的沉积,二者之间属地层间隔的泥岩相当于层序地层中的饥饿段(CS),最大海泛面划在中间,代表当时处在海平面上升的最高时期。

图5-39上部向上变薄的基本层序相当于层序地层中的退积型副层序,属海侵体系域(TST)的沉积,与下伏高水位体系域(HST)之间具一层序界面(SB),该界面划在地层间隔的底面。根据基本层序及副层序特征,可以分析判断海平面变化,进而分析得出海平面的变化规律,勾画出海平面变化曲线(图5-39)。

3)旋回地层

大冶组第一段微晶灰岩与泥岩及钙质泥岩互层(图5-40),构成明显的沉积旋回。前人研究表明:这些旋回可以与米兰科维奇旋回对应(Mingsong Li, et al,2016; Mingsong Li,et al,2018),是古气候周期变化的产物。该类旋回的替代指标即为灰岩与泥岩旋回,每一个旋回构成一个层束,几个层束构成一个层束组,与米兰科维奇旋回中岁差、斜度及偏心率旋回对应(龚一鸣等,2004)。

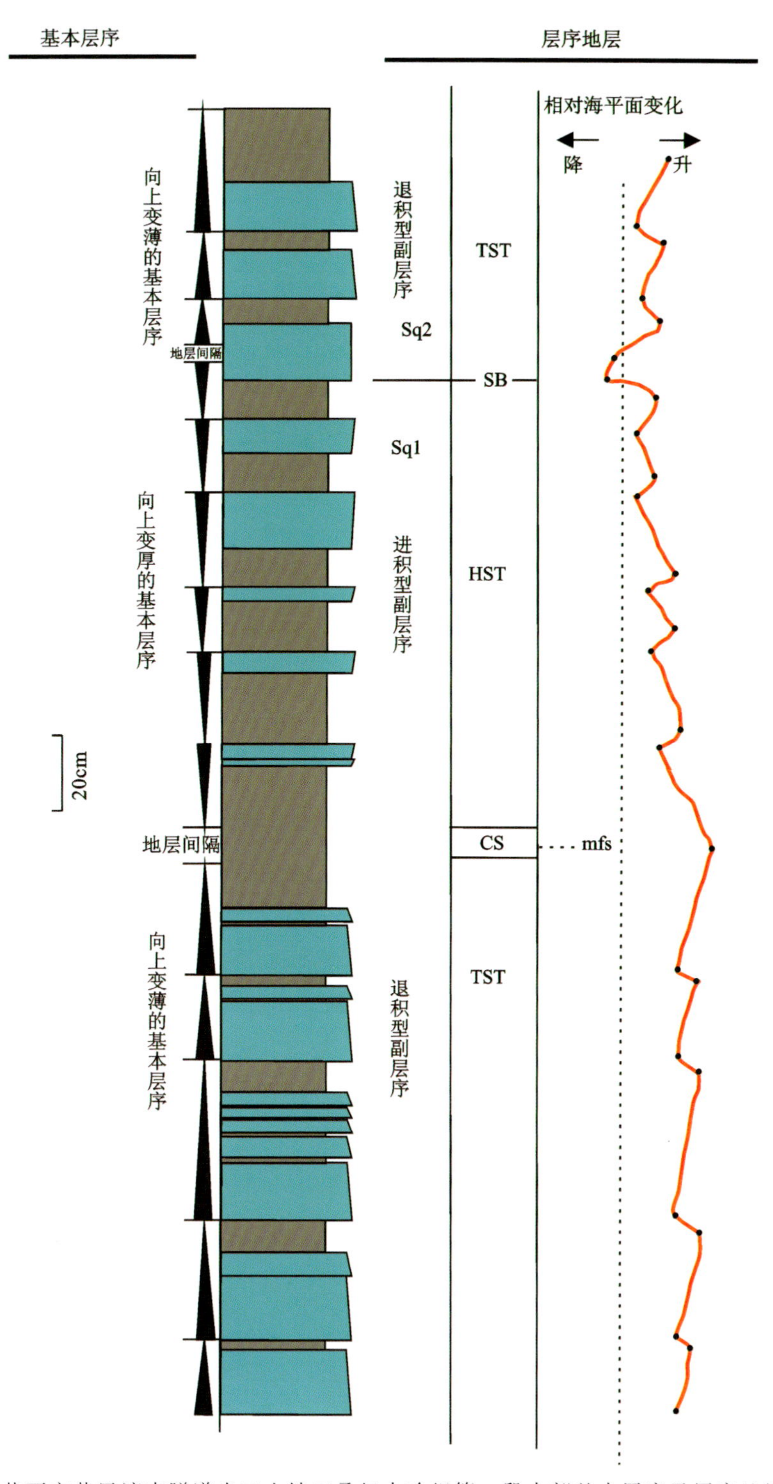

图 5-39 黄石市黄思湾南隧道出口山坡三叠纪大冶组第一段中部基本层序及层序地层特征表

（深色为泥灰岩，浅色为泥岩）

A

B

图 5-40 黄石市黄思湾隧道南出口山坡大冶组第一段灰岩与泥岩旋回层

A. 灰岩夹泥岩；B. 灰岩与泥岩互层或泥岩夹灰岩

实习教学点 14

教学目的：(1)了解大冶组第一段和第二段的岩石地层特征及划分标志。

(2)了解两组接触关系，熟悉接触关系的描述。

(3)了解不同类型基本层序的特征，掌握其测量和描述方法。

(4)了解旋回地层及磁性地层学的野外工作方法。

点位：黄石市黄思湾隧道南出口山坡上。

GPS：E115°07′49.94″，N30°10′36.66″，115.10m。

点性：大冶组第二段(T_1d^2)/大冶组第一段(T_1d^1)地层界线点。

描述：点南东为大冶组第一段(T_1d^1)灰色泥岩夹灰黄色薄层泥灰岩，或二者互层，泥灰岩单层厚 1.5～8cm，发育水平层理。顶部为一层厚 20cm 的灰色泥岩。地层产状：S_0 349°∠37°。

点北西为大冶组第二段(T_1d^2)浅灰色中—厚层白云质灰岩夹灰色泥岩，白云质灰岩单层厚 40～70cm，刀砍纹发育。间夹泥岩一般厚 2～3cm，水平层理发育。地层产状：S_0 351°∠38°。

二者之间界面清楚，为整合接触，但岩性突变，为一间断面。

主要教学内容

1)大冶组第一段与第二段的划分标志

第二段以灰岩为主，第一段以泥岩夹灰岩、或灰岩与泥岩互层为特征；大冶组第二段以中—厚层灰岩的出现作为划分标志，其底界划在中厚层灰岩、白云质灰岩之底(图 5-41)。

图 5-41　黄石市黄思湾大冶组第二段/大冶组第一段界线

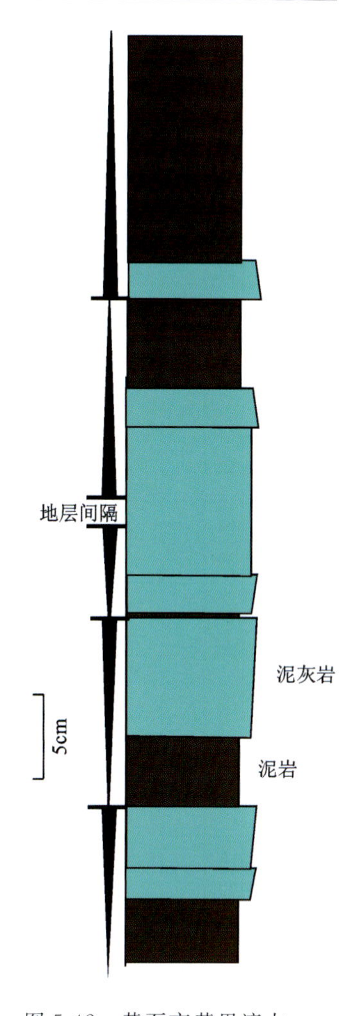

图 5-42　黄石市黄思湾大冶组第一段顶部基本层序

2)基本层序及层序地层

大冶组第一段顶部具向上变厚和变薄的基本层序(图 5-42),下部为向上变厚的基本层序,每个基本层序下部为泥岩,上部为泥灰岩,单层厚度增大,相当于层序地层中的进积型副层序,代表了海退期的高水位体系域(HST)。其上为向上变薄的基本层序,每个基本层序下部为泥灰岩,上部为泥岩,相当于层序地层中的退积型副层序,代表了海侵期的海侵体系域(TST)。两类基本层序之间具一岩性为泥灰岩的地层间隔。需要指出的是,在大冶组第二段见有完整的、对称的基本层序,单个基本层序中可以见到完整的海侵、海退旋回。

3)旋回地层、磁性地层

华南地区三叠纪地层中由灰岩/泥灰岩、泥灰岩/泥岩构成的旋回层或层束极为发育,为旋回地层提供了很好的研究素材,前人在三叠纪地层中做了较多的旋回地层工作(Mingsong Li, et al,2016; Mingsong Li, et al,2018)。旋回地层工作主要考虑以下几个方面:①替代指标:上一个教学点提出用层束来作旋回的替代指标,除了层束之外,岩层中的磁化率、碳氧稳定同位素、放射性、主量及微量元素等均可作为替代指标,其中地层中的放射性常常作为替代指标。由于大冶组或三叠纪其他地层中含有较多的泥岩,多由泥岩与泥灰岩、泥灰岩与灰岩构成旋回。泥岩与灰岩相比,由于其吸附了较多的放射性元素,其放射性值(GR)普遍比灰岩高,因此采用伽马仪测定地层中的放射性值(GR),将其作为替代指标揭示这些旋回的变化规律(图 4-43)。②地质年代的标定:如何确定这些旋回是米兰科维奇旋回?是否与岁差(2 万年)、斜度(4 万年)和偏心率旋回(10 万年)对应?必须采用相对地质年代和绝对地质年代定年的方法来确定每个旋回的延续时间。相对年龄通常采用牙形石带(图 4-43),绝对年龄的确定一般采用磁性地层学的方法(图 5-43),在具有火山岩层的地层中可以采用放射性同位素测年的方法获得绝对年龄。因此，野外在进行放射性值(GR)测定的同时，还必须按精度采集牙形石样品和古地磁样品。

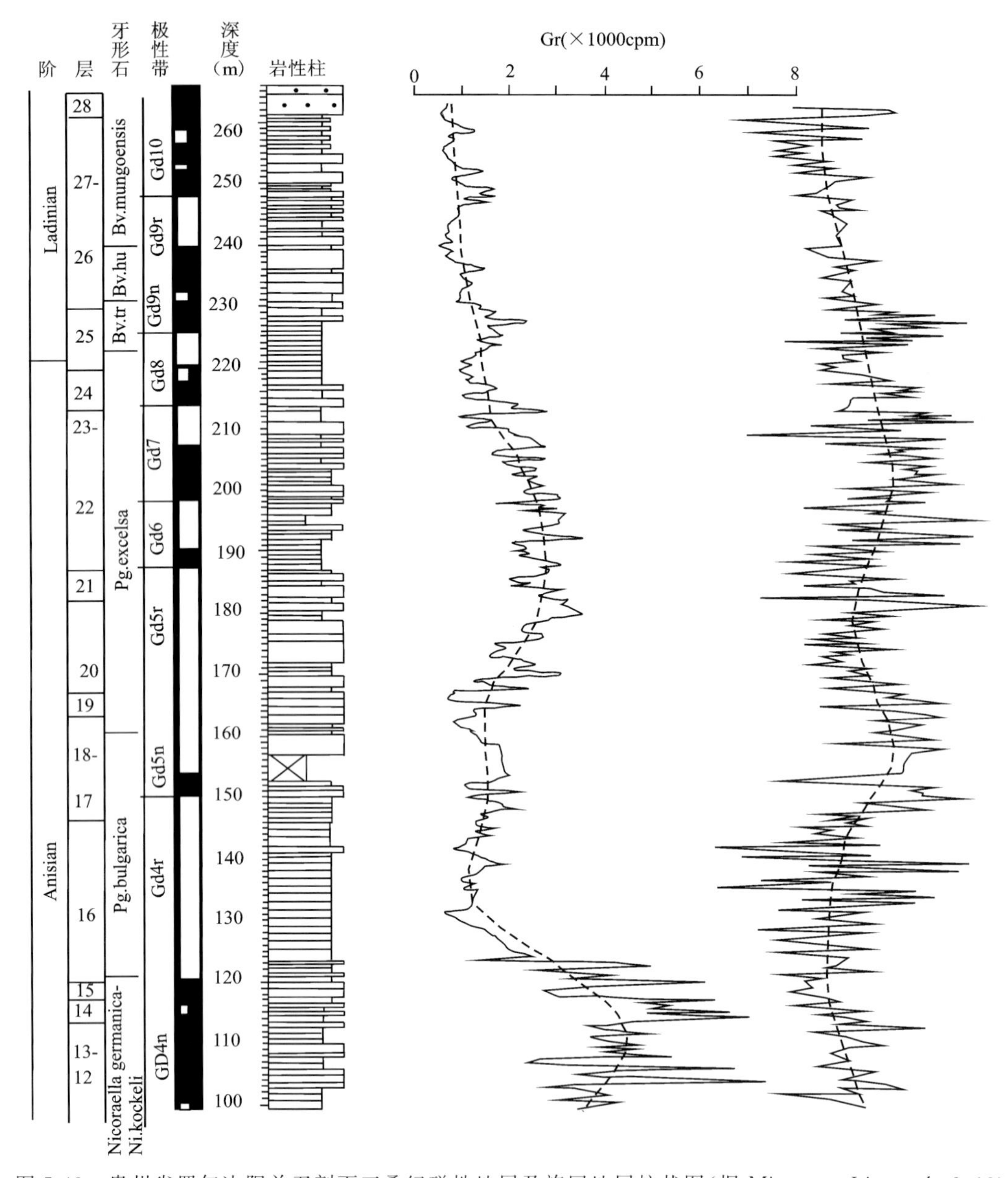

图 5-43　贵州省罗甸边阳关刀剖面三叠纪磁性地层及旋回地层柱状图(据 Mingsong Li, et al, 2018)

实习教学点 15

教学目的:(1)了解第四纪地层的地层特征及界面特征。

(2)掌握第四纪地层的野外工作方法。

(3)了解气候地层学的野外工作方法。

点位:位于黄石市汪仁镇北交叉路口。

GPS：E115°07′31.56″，N30°09′02.40″，38.4m。

点性：第四纪地层序列观察点。

描述：该剖面全为第四系，自上而下可分为4层(图5-44)，分述如下：

图5-44　黄石市汪仁镇黄石市养老院第四系剖面图

Qh^{pl}

④灰黄色含有植物根系的腐殖土及富含有机质的沙土层。　厚20～30cm

$Qp_3{}^{pl}$

③灰黄色砂土及粉砂土，无层理。　厚70～80cm

$Qp_2{}^{pl}$

②紫红色网纹状红土，红土中具有白色、黄白色交织网状纹带。该红土层由于干湿气候的交替，长期受氧化还原交替作用的影响。还原部分黏土层中的铁质沿裂隙下移而使这部分黏土褪色为白色。红土层赤铁矿含量较高，指示一个极端潮湿期，是第四纪间冰期的沉积，古地磁揭示其形成于松山极性时中的哈拉米洛亚时底界，大约在0.9～0.4Ma之间。

厚250～260cm

$Qp_2{}^{pal}$

①紫红色块状砂砾石层，砾石含量30%～40%，主要为砂岩，砾径1～5cm，次圆状—次棱角状，分选一般，排列略有定向。基质为砂质、粉砂质及黏土。 厚80～90cm

主要教学内容

1)第四系的划分及各单元的特征

第四系采用年代+成因定名，如 Qp_2^{pal} 表示中更新世冲洪积。对第四纪地层剖面进行岩性及年代划分，年代的确定需要进行地质测年，在没测年的情况下根据阶地及地层叠覆律进行判断，其成因主要根据沉积物特征、沉积构造及地貌进行判断。

2)第四纪地层地质测年的主要方法

为了确定第四纪地层单位的实际地质年龄，需要采集测年样品，主要是采集热释光、光释光样品、^{14}C、古地磁样品。热释光、光释光样品需要在晚上无光的环境下采集。

3)气候地层学及气候变化

第四纪地层中气候地层学使用得较多，野外工作主要有：①剖面测制，由于第四纪地层一般是水平的，直接测量厚度绘制地层柱状图即可；②地质年代的标定，需要采集测年样品，如热释光、光释光样品、^{14}C 样品，确定绝对年龄，同时需要采集古地磁样品进行磁极性地层学研究，建立年代地层序列；③气候标志，气候标志主要有孢粉、植硅石及分子化石(DNA 或生物标志化合物)，以及其他诸如磁化率、黏土矿物、Fe_2O_3 等，需要按研究精度在野外系统采集。

四、思考题及作业

(一)思考题

(1)与中国地质大学(武汉)地大南望山、喻家山地区、蔡甸区侏儒山地区相比，黄石市汪仁镇地区地层序列有何差异？是否属于一个地层分区？

(2)黄石市汪仁地区早古生代出露哪些岩石地层单位？其特征和划分标志是什么？

(3)黄石市汪仁地区奥陶纪—志留纪龙马溪组是一个跨纪的岩石地层单位，为什么？奥陶系—志留系年代地层界线划分的依据是什么？该界线应划在什么位置？龙马溪组与下伏临湘组及上覆新滩组的划分标志是什么？

(4)区域上龙马溪组中具有一套或多套斑脱岩，试述斑脱岩在地层对比中的意义。

(5)黄石市汪仁地区奥陶纪大湾组产有丰富的腕足类化石，奥陶纪—志留纪龙马溪组也产有大量的笔石化石，比较腕足类化石和笔石化石在生物地层划分对比中的重要性及工作方法的差别。

(6)黄石市汪仁地区志留纪坟头组、茅山组及泥盆纪五通组为一套倒转地层，你是如何知道这套地层是倒转的？

(7)区域上志留纪茅山组具有一套红色沉积，岩性主要为泥岩、粉砂质泥岩及粉砂岩，通常称为“海相红层”，这套“海相红层”在地层对比中具有什么重要的意义？

(8)黄石市汪仁地区石炭系有哪些岩石地层单位？各单位的特征及划分标志是什么？

(9)黄石市汪仁地区二叠系分为哪些岩石地层单位？其特征和划分标志是什么？

(10)黄石市汪仁地区志留纪—二叠纪地层中发育几个平行不整合？具体特征如何？

(11)石炭纪船山组顶部在区域上发育一套球粒灰岩，试述该球粒灰岩的地层学意义？

(12)黄石市汪仁地区大冶组为一个跨纪的岩石地层单位，为什么？T/P界线的划分依据是什么？区域上该界线应划在什么地方？

(13)黄石市汪仁地区寒武纪娄山关组有哪些类型的基本层序？其类型与海平面变化有何关系？

(14)黄石市汪仁地区大隆组和大冶组有哪些类型的基本层序？其特征和之间的差别是什么？

(15)根据大冶组的岩石组合及沉积旋回特征，如何知道这些旋回可能属米兰科维奇旋回，能够进行旋回地层的划分对比研究？

(16)以黄石市汪仁地区大冶组为例，试述旋回地层学研究在野外需要收集的必备资料及其具体工作步骤。

(17)岩石地层学中的基本层序与层序地层学中的副层序有何异同点？

(18)以黄石市汪仁地区T/P界线为例，试述事件地层学的主要工作方法。

(19)第四纪地层如何进行划分对比？其测年方法有哪些？

(二)作业

(1)根据野外观察资料，总结黄石市汪仁地区早古生代岩石地层序列，指出各岩石地层单位的岩性组合特征、古生物化石、划分标志及相互之间的接触关系。

(2)根据野外观察资料，总结黄石市汪仁地区晚古生代—三叠纪岩石地层序列，指出各岩石地层单位的岩性组合特征、古生物化石、划分标志及相互之间的接触关系。在此基础上，进行初步的层序地层划分，绘制相对海平面变化曲线。

(3)观察描述黄石市汪仁镇养老院对面奥陶纪—志留纪地层剖面，绘制顺手地层剖面图及顺手地层柱状图。

(4)在二叠纪大隆组及三叠纪大冶组中选取一段地层进行基本层序划分及测量，绘制基本层序序列图。

(5)在二叠纪大隆组及三叠纪大冶组中选取一段进行层序地层划分，绘制层序地层柱状图，指出海侵体系域(TST)和高水位体系域(HST)的识别标志。

第六章 针对野外实习的室内讨论及作业

野外实习之后，针对野外见到的一些地质现象需要在室内进行进一步讲授，尤其是需要进行课堂讨论。此外，还需要学生完成针对野外实习的一些相关的作业，以便让学生更能结合野外见到的地层学现象充分理解课堂讲授的内容，熟悉地层学的一些工作方法。

一、针对野外实习的室内课堂讨论

1. 通过野外地层实例，论述不同级别岩石地层单位（组、段）的划分依据及界线划分标志

组级岩石地层单位以黄石汪仁-黄思湾地区石炭纪大埔组、黄龙组和船山组为例，段一级岩石地层单位以侏儒山地区志留纪坟头组第一段与第二段、黄石汪仁-黄思湾地区石炭纪黄龙组及志留纪茅山组为例进行课堂讨论，提出划分理由和划分依据。尤其是要提出界线的划分标志。

2. 通过野外实例，论述不同类型地层单位的不一致性，进一步理解多重地层划分与对比

以奥陶纪大湾组（$O_{1-2}d$）、奥陶纪—志留纪龙马溪组（O_3S_1l）、志留纪坟头组（$S_{1-2}f$）、三叠纪大冶组（T_1d）为例，讨论年代地层单位与岩石地层单位的不一致性。以奥陶纪—志留纪龙马溪组（O_3S_1l）为例，讨论生物地层单位（笔石带）与岩石地层单位的不一致性。

3. 通过野外化石采集及化石带的识别，归纳总结野外生物化石带建立的程序和主要工作方法

以黄石汪仁-黄思湾地区奥陶纪大湾组、奥陶纪—志留纪龙马溪组、石炭纪黄龙组及船山组、蔡甸区侏儒山地区志留纪坟头组、茅山组、二叠纪栖霞组及孤峰组为例，让学生总结野外笔石、䗴类、三叶虫、腕足类及双壳类化石的采集、编录方法，以及化石带在野外如何判别，如何为室内建带收集资料。此外，以二叠纪栖霞组、孤峰组、大隆组、三叠纪大冶组为例，讨论微体古生物化石在生物地层及年代地层中的重要性，以及野外如何采集微体古生物化石。

4. 基本层序的类型、识别标志及野外描述方法

以南望山-喻家山地区泥盆纪五通组、二叠纪孤峰组、蔡甸区侏儒山志留纪坟头组、茅山组、二叠纪孤峰组；黄石市黄思湾-汪仁地区二叠纪大隆组、三叠纪大冶组为例，通过课堂讨论，总结基本层序类型及划分方法，让学生掌握基本层序的野外识别及描述方法，了解基本层

序对描述岩性组合的意义。

5. 层序地层概念的理解及野外工作方法

通过课堂讨论，让学生汇报野外对层序地层中的层序界面、饥饿段、副层序及体系域等概念的理解认识，其中层序界面以区域上的一些重要的平行不整合界面，如五通组/茅山组、栖霞组/黄龙组之间的不整合面为例，副层序及体系域以二叠纪孤峰组、大隆组、三叠纪大冶组为例，以科研小报告和讨论的形式进一步加深对这些概念的理解消化。

6. 事件地层学与旋回地层的意义及野外如何识别事件层和米兰科维奇旋回

以龙马溪组斑脱岩层、茅山组海相红层、船山组球粒灰岩、大隆组火山岩层为例，通过课堂讨论，了解事件地层学中的主要事件类型、事件层的等时性意义及在大区域地层对比中的作用。以 T/P 界线为例，从生物圈、水圈及大气圈对 T/P 生物绝灭事件进行讨论，了解对这类地质事件研究的基本方法。此外，以大冶组第一段和第二段为例，通过课堂讨论，让学生了解如何识别米兰科维奇旋回，了解旋回的替代指标及时间标定等关键问题，初步掌握旋回地层学的工作方法。

二、作业

学生在完成上述几个实习区的野外地层学实习后，需要针对实习地区的地层学问题在室内完成一份野外地层实习报告，内容包括实习区地层序列、岩石地层、年代地层、生物地层、层序地层、生态地层、事件地层及旋回地层等方面的内容，进一步巩固对地层学相关概念及知识的理解。

1. 地层实习报告的主要内容

(1)地层区划及地层概况，包括地层分区、出露的主要地层及分布特征。

(2)岩石地层：包括①岩石地层序列；②岩石地层单位岩性、岩性组合特征及识别标志，主要的标志层；③基本层序特征，一些主要岩石地层单位中的基本层序；④主要接触关系，尤其是平行不整合接触关系。

(3)生物地层及生态地层：包括主要化石类型、生物带(如龙马溪组中的笔石带、黄龙组和船山组的䗴带)，以及可能建立古生物群落的奥陶纪大湾组腕足类化石群落，志留纪坟头组、茅山组中的三叶虫—腕足类化石群落，以及二叠纪栖霞组珊瑚化石群落。同时，需要介绍实习区中哪些层位产有微体化石及其类型。需要指出的是，由于学生没有对这些化石带进行实质性的研究，需要查阅相关文献才能了解这些生物带。

(4)层序地层：介绍一些重要岩石地层单位中副层序的特征，以某些重要的层位为例，如泥盆纪五通组、二叠纪孤峰组、大隆组及三叠纪大冶组为例，对层序界面、副层序、体系域及饥饿段特征进行描述，进行层序地层划分，并完成相对海平面变化曲线的制作。

(5)事件地层及旋回地层：重要事件层类型、特征及在地层对比中的意义，尤其是等时性对比意义。以三叠纪大冶组为例，阐述野外米兰科维奇旋回的识别标志、替代指标及时间标定等。

2. 主要的图件

与上述内容有关的图件，包括地层综合柱状图、层序地层柱状图、基本层序及副层序柱状图，野外素描图及相关照片。

3. 报告格式及主要章节安排

报告题目：×××地区地层学野外实习报告

第一章　绪　论

第二章　岩石地层

第三章　生物地层及生态地层

第四章　层序地层

第五章　事件地层及旋回地层

第六章　结　语

主要参考文献

丁仲礼,2006.米兰科维奇冰期旋回理论:挑战与机遇[J].第四纪研究,26(5):710-717.

龚一鸣,徐冉,汤中道,等,2004.广西上泥盆统轨道地层与牙形石石带的数字定年[J].中国科学(D辑),34(7):635-643.

龚一鸣,张克信,2006.地层学基础与前沿[M].武汉:中国地质大学出版社.

龚一鸣,张克信,2016.地层学基础与前沿[M].2版,武汉:中国地质大学出版社.

贵州省地质矿产局,1997.贵州省岩石地层[M].武汉:中国地质大学出版社.

湖北省地质矿产局,1996.湖北省岩石地层[M].武汉:中国地质大学出版社.

李保生,温小浩,David Dian Zhang,等,2008.岭南粤东北地区晚第四纪红土与棕黄色沉积物的古气候转变记录[J].科学通报,53(22):2793-2800.

马强分,冯庆来,2012.湖北建始罗家坝剖面孤峰组放射虫分类及地层研究[J].微体古生物学报,29(4):402-415.

全国地层委员会,2001.中国地层指南及中国地层指南说明书[M].修订版.北京:地质出版社.

汪啸风,陈孝红,2005.中国各地质时代地层划分与对比[M].北京:地质出版社.

王鸿祯,史晓颖,王训练,等,2000.中国层序地层研究[M].广州:广东科技出版社.

王华,陆永潮,任建业,等,2008.层序地层学基本原理、方法与应用[M].武汉:中国地质大学出版社.

吴瑞棠,王治平,1994.地层学原理和方法[M].北京:地质出版社.

熊家庸,蓝朝华,曾祥文,1998.沉积岩区1∶50 000区域地质填图方法研究[M].武汉:中国地质大学出版社.

张守信,2006.理论地层学[M].北京:高等教学出版社.

庄寿强,1994.穿时及地层的时差对比[M].徐州:中国矿业大学出版社.

Li M S, Ogg J, Zhang Y, et al, 2016. Astronomical tuning of the end-Permian extinction and the Early Triassic Epoch of South China and Germany[J]. Earth and Planetary Science Letters,(441):10-25.

Li M S, Huang C J, Hinnov L, et al, 2018. Astrochronology of the Anisian stage (Middle Triassic) at the Guandao reference section, South China[J]. Earth and Planetary Science Letters,(482):591-606.

Salvador A,2000.国际地层指南[M].2版.金玉玕,戎嘉余等译.北京:地质出版社.

Yin H F, Song H J, 2013. Mass extinction and Pangea integration during the Paleozoic-Mesozoic transition[J]. SCIENCE CHINA(Earth Sciences), 56(11):1791-1803.